小猪科学饲养技术

（第三版）

苏振环　陈　隆　编著

金盾出版社

内 容 提 要

本书由中国农业科学院原畜牧研究所苏振环研究员等编著与修订。自1997年第一版出版以来，共发行55万余册，深受读者的欢迎。根据当前养猪科学技术的发展，编著者在第二版的基础上对全书内容进行了全面修订。内容包括：小猪的生理特点，母猪分娩与接产，提高哺乳母猪的泌乳力，哺乳小猪的饲养管理，断奶小猪的饲养管理，小猪常见疾病防治等。本书较系统地介绍了国内外小猪生产的先进技术和成功经验，内容丰富全面，技术先进实用，文字通俗易懂。本书适合养猪者和养猪场工作人员阅读，也可作为小猪生产研究者的参考用书。

图书在版编目(CIP)数据

小猪科学饲养技术/苏振环，陈隆编著．—3版．—北京：金盾出版社，2014.1(2019.3重印)
ISBN 978-7-5082-8927-4

Ⅰ.①小…　Ⅱ.①苏…②陈…　Ⅲ.①仔猪—养猪学
Ⅳ.①S828

中国版本图书馆CIP数据核字(2013)第244107号

金盾出版社出版、总发行

北京太平路5号(地铁万寿路站往南)
邮政编码：100036　电话：68214039　83219215
传真：68276683　网址：www.jdcbs.cn
北京万博诚印刷有限公司印刷、装订
各地新华书店经销

开本：787×1092 1/32　印张：5.25　字数：111千字
2019年3月第3版第23次印刷
印数：567 001～570 000册　定价：16.00元

目　　录

第一章　小猪的生理特点 …………………………………… （1）

一、小猪消化系统弱 ………………………………………… （1）

（一）消化器官发育不全 ………………………………… （1）

（二）消化功能发育不完善 ……………………………… （2）

二、小猪生长发育快 ………………………………………… （4）

（一）小猪生长发育迅速 ………………………………… （4）

（二）小猪生长潜力大 …………………………………… （5）

（三）影响小猪生长潜力的主要因素 …………………… （5）

三、小猪免疫功能差 ………………………………………… （6）

（一）小猪的免疫功能 …………………………………… （6）

（二）猪的免疫器官 ……………………………………… （7）

四、小猪对环境的应变能力差 …………………………… （8）

（一）不耐低温 …………………………………………… （8）

（二）易受病原微生物的侵袭 …………………………… （9）

第二章　母猪分娩与接产 ………………………………… （10）

一、母猪分娩 ………………………………………………… （10）

（一）分娩前的准备工作 ………………………………… （10）

（二）分娩前的母猪饲养管理 …………………………… （14）

（三）分娩前的母猪乳房与行为变化 …………………… （15）

（四）母猪临产征状与分娩 ……………………………… （15）

（五）分娩后的母猪饲养管理 ……………… （16）

二、接产 ……………………………………… （17）

　　（一）人员值班 ……………………………… （17）

　　（二）小猪出生后的处理 …………………… （17）

　　（三）假死小猪的处理 ……………………… （19）

　　（四）难产小猪的处理 ……………………… （20）

第三章　提高哺乳母猪的泌乳力 ……………… （21）

一、影响母猪泌乳力的因素 ………………… （21）

　　（一）遗传 …………………………………… （21）

　　（二）胎次 …………………………………… （21）

　　（三）饲料营养水平 ………………………… （22）

　　（四）环境与疾病 …………………………… （22）

二、提高母猪泌乳力的方法 ………………… （22）

　　（一）供给优质全价的饲料 ………………… （22）

　　（二）供给足量清洁的饮水 ………………… （31）

　　（三）保证哺乳母猪的旺盛食欲 …………… （31）

　　（四）认真做好各项管理工作 ……………… （31）

　　（五）加强母猪无乳综合征的预防与治疗 ……… （32）

第四章　哺乳小猪的饲养管理 ………………… （35）

一、哺乳小猪饲养的关键时期和主要措施 ……… （35）

　　（一）哺乳小猪饲养的几个关键时期 ……… （35）

　　（二）哺乳小猪饲养的主要措施 …………… （36）

二、哺乳小猪的护理 ………………………… （37）

　　（一）减少死亡 ……………………………… （37）

（二）及时哺乳 ……………………………… （41）

（三）防压防冻 ……………………………… （42）

（四）及时补铁 ……………………………… （44）

（五）预防腹泻 ……………………………… （47）

（六）并窝与寄养 …………………………… （58）

（七）猪瘟疫苗乳前免疫 …………………… （59）

三、哺乳小猪的饲料与饲养 ………………… （61）

（一）哺乳小猪的营养需要 ………………… （61）

（二）哺乳小猪的饲养方法 ………………… （63）

（三）哺乳小猪饲料配方举例 ……………… （66）

第五章　断奶小猪的饲养管理 ……………… （70）

一、小猪的断奶和培育方法 ………………… （70）

（一）断奶对小猪生长发育的影响 ………… （70）

（二）断奶的时间 …………………………… （71）

（三）正常断奶方法 ………………………… （71）

（四）早期断奶方法 ………………………… （72）

（五）断奶小猪的原圈培育 ………………… （84）

（六）断奶小猪的网床培育 ………………… （85）

（七）小猪早期断奶隔离饲养技术 ………… （87）

二、断奶小猪的营养需要量 ………………… （91）

（一）断奶小猪所需的饲料 ………………… （91）

（二）断奶小猪的营养需要量及饲料配方 ……… （98）

（三）断奶小猪的饲料配合 ………………… （99）

三、断奶小猪的饲养管理 …………………… （103）

（一）选择好饲喂方法…………………………（103）

（二）做好饲料调制…………………………（105）

（三）加强和推广补料…………………………（108）

（四）创造舒适的环境…………………………（110）

第六章　小猪常见疾病防治…………………（121）

一、小猪疾病防治原则…………………………（121）

（一）加强护理,提高小猪的免疫力…………（121）

（二）做好免疫预防工作,提高小猪的抗病力……（121）

（三）严格对猪舍和猪体消毒,消灭环境中的病原体

　　…………………………………………（122）

（四）预防小猪代谢病,提高小猪免疫力………（122）

二、常见传染性疾病…………………………（123）

（一）猪瘟…………………………………（123）

（二）小猪副伤寒…………………………（124）

（三）小猪白痢…………………………（126）

（四）小猪黄痢…………………………（128）

（五）小猪红痢…………………………（129）

（六）猪痘…………………………………（130）

（七）猪水疱疹…………………………（131）

（八）猪流行性腹泻…………………………（132）

（九）猪传染性胃肠炎…………………………（133）

（十）小猪水肿病…………………………（135）

（十一）猪细小病毒病…………………………（136）

（十二）猪繁殖与呼吸综合征…………………（137）

（十三）断奶猪多系统衰竭综合征 ··············· （138）

三、常见营养性疾病 ························· （139）

（一）小猪铁、铜缺乏症（贫血病） ··········· （139）

（二）小猪低血糖病 ······················· （139）

（三）小猪佝偻病 ························· （141）

（四）小猪白肌病 ························· （141）

四、其他常见疾病 ························· （142）

（一）新生小猪溶血病 ····················· （142）

（二）小猪先天性肌阵挛病 ················· （143）

五、小猪疾病的预防 ······················· （144）

（一）预防措施 ························· （144）

（二）疫病处理 ························· （149）

附录 ······························· （150）

附录一　小猪的饲养标准 ················· （150）

附录二　猪常用饲料成分及营养价值（参考值）······ （154）

第一章　小猪的生理特点

小猪一般指从出生到断奶或进入保育阶段、出生后 65 日龄或 70 日龄、体重一般在 25 千克以前的猪。

在养猪生产中，小猪是比较难养的，因此要求饲养者具有较高的饲养管理水平。实践证明小猪饲养技术水平的高低，直接影响整个养猪技术水平的高低。小猪养得好，可提高成活率，进而增加肥育猪或种猪的出栏率，能大大提高养猪生产效益。因此，饲养好小猪是养猪生产中十分重要的环节。

小猪难养是由小猪的生理特点和所受的饲养环境决定的。小猪离开母体刚出生时，其生存环境条件即发生了一系列重大变化——从水生（母体羊水）到陆生，从恒温到变温，从依靠母体呼吸到自主呼吸，从母体血液供应养分到自身器官吸收养分，从无害菌环境到接触有害菌环境等。总之，小猪出生后处在诸多应激中。据统计，在正常情况下，小猪从出生到断奶时的死亡率一般为 5％～25％，其中 7 日龄内的死亡率占断奶前死亡率的 65％左右。故小猪出生后饲养管理工作特别重要。

一、小猪消化系统弱

(一)消化器官发育不全

小猪消化器官在胚胎期就已形成，但结构和功能都不完善。随着小猪的生长发育,其消化器官的发育及消化功能具有一系列明显的年龄特点。1日龄的小猪,其胃的重量仅5克左右,只能容纳40毫升左右的液体(乳汁);小肠重40~50克,能容纳约100毫升的液体。10日龄的小猪,胃重量增长到15克左右,容积增长到约150毫升;小肠和大肠的容积增加近1倍。到60日龄时,胃重增加到约150克,容积增加到1 500~1 800毫升,为出生时的50倍左右;小肠的长度约增长4倍,容积增大40~50倍。

小猪的消化器官除了随日龄的增长而自然发育外,还受所食乳汁和饲料环境的影响。哺乳前期,小猪的营养来源主要依靠母乳,乳增加了小肠和胃的活动,促进了小肠和胃的发育;由于乳对大肠的刺激不大,所以大肠的发育较慢。但到哺乳后期,由于小猪吃进补充的饲料,特别是在断奶后所补充的饲料,纤维素的含量逐渐增加,进一步刺激消化器官的发育,使小猪的胃和大肠的重量及容积迅速增加。

绒毛和隐窝是影响消化吸收的主要组织。随着小猪日龄的增加,尤其是断奶后日龄的增加,其小肠肠道的组织形态发生改变,主要表现是小肠绒毛萎缩和肠腺隐窝增生。有研究证明,小猪断奶后绒毛高度开始下降,到断奶后4天时,绒毛高度约为断奶时的一半;到断奶后8天时开始回转,这时的绒毛高度约为断奶时的70%。但隐窝的深度受断奶的影响,在断奶后的6天,隐窝深度变化不大,到第8天时其深度达到断奶时的2倍。

(二)消化功能发育不完善

1. 胃酸的分泌　小猪出生后由于胃腺尚未完全形成,不能分泌盐酸,也就不能激活已存在的少量的胃蛋白酶原,致使胃蛋白酶只具有潜在的消化能力。但20日龄前的小猪,胃酸的分泌就达到了一定的水平:研究发现 5 日龄的小猪胃酸分泌可达到成年猪水平,不过此时的胃酸主要是以乳酸类物质为主,其食物的消化也主要靠乳酸及小肠内的胰液和肠液来消化。

2. 消化酶类的分泌 小猪出生后消化酶主要有凝乳酶和胃蛋白酶。刚出生的小猪,胃中凝乳酶的分泌量最大,主要起消化蛋白质的作用;胰蛋白酶对乳也具有较高的消化能力。随着出生日龄的增长,凝乳酶等消化酶逐步被更多具有水解活性的胃蛋白酶等替代。出生小猪肠液中乳糖酶和淀粉酶的活性也很高,乳糖酶的活性从 2 周龄后迅速下降,7～8 周龄时几乎不存在了;此时蔗糖酶和麦芽糖酶的活性很低。

3. 肠道吸收能力 小猪断奶后,小肠细胞的形态结构发生显著变化,其绒毛萎缩、隐窝变深、肠黏膜淋巴细胞增生等都会影响小猪对营养物质的吸收。同时,肠上皮细胞刷状缘上的蔗糖酶、乳糖酶、异麦芽糖酶、海藻糖酶等活性下降,也使得营养物质消化和吸收不良(酶活性变化见图 1-1)。

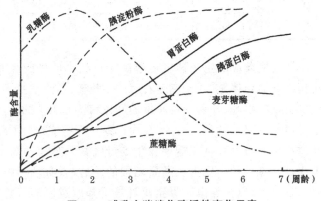

图 1-1　哺乳小猪消化酶活性变化示意

二、小猪生长发育快

（一）小猪生长发育迅速

小猪出生时的体重一般为 1～2 千克,但经过 2 个月的哺乳和饲养体重可达 20 千克左右,即增加了 10 倍以上,这也说明了小猪的生长发育速度很快。

小猪的增重速度首先决定于出生时个体重的大小。一般情况下,初生重较小的猪生长到 4 周龄或 8 周龄时体重也小(表 1-1)。初生重较大的小猪体质健壮,死亡率低,易于护理。所以,应采取一切必要措施提高小猪的初生重。

表 1-1　小猪初生体重与增重的关系

年　龄	体重阶段（千克）					
初　生	0.68	1.00	1.18	1.41	1.68	1.77
4 周龄	3.88	5.27	5.72	6.63	7.31	7.81
8 周龄	7.76	11.30	12.08	14.16	15.20	16.93

小猪哺乳阶段的生长速度还取决于母猪泌乳量的高低;而小猪断奶后至体重 20 千克左右时的生长速度,则取决于开始诱食日龄的早晚、开食饲料质量的好坏和营养水平的高低。由于母猪的日泌乳量自产后 3～4 周达到高峰后就开始下降,而此时小猪生长发育迅速需要大量的母乳来满足营养需求,为解决乳汁减少和小猪生长需要增加的矛盾,就必须训练小猪早采食饲料,以弥补由于母猪泌乳量下降所造成的营养不足,进而保证小猪的正常生长发育速度。

(二)小猪生长潜力大

当前,虽然小猪的饲养管理水平有了相当大的进步,但仍未能完全发挥小猪的生产潜力。有研究认为,小猪在 21 日龄之前的生产潜力仅发挥了 56%;在 22～33 日龄期间,由于断奶应激等因素的影响,小猪的生长潜力发挥程度则降低至 36%(表 1-2)。

表 1-2　小猪生长潜力

	1～21 日龄	22～33 日龄	34～47 日龄
理论日增重水平(克)	390	280	720
现有日增重水平(克)	220	100	500
发挥程度(%)	56	36	70

(三)影响小猪生长潜力的主要因素

主要因素有母乳、饲料及饲料营养水平、采食量、饮水、温度和湿度等环境因素。

1. 小猪出生后至 21 日龄　小猪的生长潜力的发挥主要靠吸食母乳,因此饲养好产后的哺乳母猪,提高母猪的泌乳能力,是小猪快速生长发育的关键。

2. 小猪出生 21 日龄后　母猪产后 21 日龄左右泌乳达到高峰,随后开始下降,泌乳量逐渐减少,此时只靠母乳提供的营养不能满足小猪生长潜力的发挥,需要增加饲料补充母乳中不足的营养。

3. 增加小猪的采食量　此法是发挥小猪生长潜力的又一重要因素。

（1）采食量可影响小猪消化道的发育　随着采食量的提高，小猪肠绒毛高度增加，隐窝变浅，直接影响消化道的消化吸收能力。

（2）采食量可影响小猪肠道致病菌数量　研究发现，采食量的提高增加了肠道中的营养物质，降低了肠道黏液中致病菌的数量，从而降低小猪的发病率，有利于充分发挥小猪的生长潜力。

（3）采食量可影响小猪的增重　研究发现，小猪在断奶后，随着采食量不断上升，日增重也显著增加。

三、小猪免疫功能差

（一）小猪的免疫功能

小猪获得的免疫保护主要来自母乳获得的被动免疫保护和由小猪自身发育获得的主动免疫保护两个方面。新生小猪缺乏主动免疫能力，只能靠母乳提供的抗体和活性成分等获得被动免疫保护。随着小猪与外界环境的接触，其主动免疫功能逐步得到发育。研究认为，小猪在10日龄后才启动主动免疫功能，产生球蛋白，但直到4～5周龄时才能发挥较弱的作用。小猪主动免疫系统中的黏膜免疫系统在3周龄时发育成熟，肠道免疫系统要到4～7周龄时才基本发育成熟，8周龄以后，所有免疫指标才能达到成年猪的值。小猪在4～6周龄时，来源于母体的抗体水平已经降低到发病底线之下，而此时自身的主动免疫系统还未完全建立起来，使小猪处于免疫空窗期，即4～6周龄的小猪更易引发疾病。

(二)猪的免疫器官

猪的免疫器官主要包括中枢免疫器官和外周免疫器官。两类器官有着非常紧密的联系,中枢免疫器官是 B、T 淋巴细胞分化、成熟的场所;外周免疫器官接受中枢免疫器官输送来的淋巴细胞,是进行免疫应答的主要场所。

1. 中枢免疫器官主要包括胸腺和骨髓 胸腺是主管免疫的器官,主要功能:一是产生 T 淋巴细胞,执行细胞免疫应答;二是产生和分泌胸腺素和激素类物质;三是寻查、摧毁异样的突变细胞,控制自身免疫疾患。骨髓位于骨髓腔内,具有免疫和造血的双重功能。猪骨髓可分为红骨髓和黄骨髓,红骨髓是造血器官,黄骨髓是脂肪组织。骨髓的主要功能:一是产生各种免疫细胞;二是骨髓内有大量的巨噬细胞和中性粒细胞,可以吞噬入侵的病菌、毒物颗粒和衰亡细胞;三是能进行创伤修复和成骨作用。

2. 外周免疫器官主要包括脾脏、淋巴结及黏膜免疫系统 外周免疫器官是 T、B 淋巴细胞定居和对抗原刺激进行免疫应答的场所。脾脏是猪体内最大的免疫器官,是产生抗体的主要基地。主要功能是免疫和造血,以免疫为主。在受到抗原刺激后,猪脾脏生发中心明显,淋巴小结大量增生,鞘内淋巴细胞及浆细胞的数量大量增加,产生大量抗体。脾脏还有造血、滤血和储血等功能。淋巴结的内部充满淋巴细胞、巨噬细胞和树突状细胞,其主要功能是滤过、吞噬异物和免疫应答。病原体侵入猪体后,遇到巨噬细胞可将其吞噬而清除,对细菌的清除率可达 99%。黏膜免疫系统是猪黏膜固有层的淋巴组织,主要分布于肠道黏膜、呼吸道黏膜、被皮及扁桃体等部位。

四、小猪对环境的应变能力差

小猪出生后脱离了母猪子宫,进入到一个和母体完全不同的外界环境中。从吸收母体供应的营养到吃母乳、从适宜生存的恒温环境到冷热不均的温、湿度、从无致病菌环境到充满各种致病菌环境、由依靠母体生存到独立竞争生存等,小猪从刚出生就要经受各种环境应激,使其易发各种疾病。

(一)不耐低温

新生小猪体内能量储备较少,能量代谢的激素调节功能不全,对低温环境极为敏感。新生小猪体型小且单位体重的体表面积相对较大,体表缺少浓密被毛,皮下脂肪较少,因此,在低温环境中体温散失较快且恢复较慢。体内脂肪是调节体温的重要组织,出生时小猪体脂肪仅占 1%～2%,1 周龄时体脂肪猛增到 10% 左右,2 周龄时为 15% 左右,4 周龄时为18% 左右。随着日龄的增加,皮下脂肪层逐渐加厚,加之化学调控体温功能的建立,小猪方能适应较低的温度环境。所以,为了降低小猪发病率和死亡率,必须做好小猪的保温工作。

新生小猪在产后 6 小时内最适宜的温度为 35℃ 左右,2日龄为 32℃～34℃,7 日龄为 30℃ 左右,随日龄的增加温度逐渐降低,但最低不低于 20℃。如果把小猪放置于低温环境中,尽管它能靠加强自身代谢和肌肉的颤抖产热增加体温,但体温还是会很快下降。受到寒冷侵袭的小猪,将本能地采取蜷缩身体的姿势来减少体表面积以减少散热;或一窝小猪拥挤在一起取暖。如果把小猪放在温度呈梯度变化的猪舍中,它会找到最适合自己的温度区躺卧。在实践中,可以看到小猪往往聚集在产房（笼）的红外线灯下或电热毯上。持续低温会使哺乳期的小猪生长强度减弱,严重时还会发生低血糖和死亡。

(二)易受病原微生物的侵袭

尤其是新生小猪还没有建立自己的免疫功能保护体系,且抵抗外界病原微生物侵袭的抗体比较弱,所以更易发生疾病感染和死亡。因此,尽早使小猪获得抵抗病原微生物的抗体,是防止小猪发病的主要措施。主要措施有：①小猪出生后应尽快吃到初乳;②注射小猪易发疾病的疫苗;③供给小猪全价营养饲料和提供小猪所需的各种适宜的环境。

第二章　母猪分娩与接产

一、母猪分娩

(一)分娩前的准备工作

1. 产房(舍)的准备　根据母猪的预产期,在母猪产前5~7天准备好产房。产房要求干燥(空气相对湿度保持在65%~75%),如果产房湿度过大,可用生石灰铺在圈舍地面上,吸附潮湿气体。产房要求适宜的温度(室温为23℃左右),阳光充足,通风良好,空气新鲜。产房要干净清洁,用3%烧碱(氢氧化钠)溶液消毒。烧碱用沸(开)水溶解后消毒效果更好。消毒人员一定要做好防护,不要被烧碱溶液烧伤。用烧碱水消毒后应再用清水冲洗被消毒的地方,防止烧伤猪只。

在规模化猪场,产房的使用应采取全进全出的饲养方法。这种方法即是按配种计划集中配种、集中产仔的一种先进管理方法。有利于产房的集中消毒,可有效地减少疾病的传播。在寒冷季节,产房应安装保温设备,如土暖气、红外线灯、电热板、小猪保温箱和加厚消毒过的垫草等给母猪、小猪保温;在炎热季节,要为母猪安装降温设备。

2. 预产期的推算　母猪预产时间可查阅预产期推算表(表2-1)。

表 2-1　母猪预产期推算表　（日/月）

配种期	产仔期	配种期	产仔期	配种期	产仔期	配种期	产仔期	配种期	产仔期	配种期	产仔期
1/1	25/4	24/1	18/5	16/2	10/6	11/3	3/7	3/4	26/7	26/4	18/8
2/1	26/4	25/1	19/5	17/2	11/6	12/3	4/7	4/4	27/7	27/4	19/8
3/1	27/4	26/1	20/5	18/2	12/6	13/3	5/7	5/4	28/7	28/4	20/8
4/1	28/4	27/1	21/5	19/2	13/6	14/3	6/7	6/4	29/7	29/4	21/8
5/1	29/4	28/1	22/5	20/2	14/6	15/3	7/7	7/4	30/7	30/4	22/8
6/1	30/4	29/1	23/5	21/2	15/6	16/3	8/7	8/4	31/7	1/5	23/8
7/1	1/5	30/1	24/5	22/2	16/6	17/3	9/7	9/4	1/8	2/5	24/8
8/1	2/5	31/1	25/5	23/2	17/6	18/3	10/7	10/4	2/8	3/5	25/8
9/1	3/5	1/2	26/5	24/2	18/6	19/3	11/7	11/4	3/8	4/5	26/8
10/1	4/5	2/2	27/5	25/2	19/6	20/3	12/7	12/4	4/8	5/5	27/8
11/1	5/5	3/2	28/5	26/2	20/6	21/3	13/7	13/4	5/8	6/5	28/8
12/1	6/5	4/2	29/5	27/2	21/6	22/3	14/7	14/4	6/8	7/5	29/8
13/1	7/5	5/2	30/5	28/2	22/6	23/3	15/7	15/4	7/8	8/5	30/8
14/1	8/5	6/2	31/5	1/3	23/6	24/3	16/7	16/4	8/8	9/5	31/8
15/1	9/5	7/2	1/6	2/3	24/6	25/3	17/7	17/4	9/8	10/5	1/9
16/1	10/5	8/2	2/6	3/3	25/6	26/3	18/7	18/4	10/8	11/5	2/9
17/1	11/5	9/2	3/6	4/3	26/6	27/3	19/7	19/4	11/8	12/5	3/9
18/1	12/5	10/2	4/6	5/3	27/6	28/3	20/7	20/4	12/8	13/5	4/9
19/1	13/5	11/2	5/6	6/3	28/6	29/3	21/7	21/4	13/8	14/5	5/9
20/1	14/5	12/2	6/6	7/3	29/6	30/3	22/7	22/4	14/8	15/5	6/9
21/1	15/5	13/2	7/6	8/3	30/6	31/3	23/7	23/4	15/8	16/5	7/9
22/1	16/5	14/2	8/6	9/3	1/7	1/4	24/7	24/4	16/8	17/5	8/9
23/1	17/5	15/2	9/6	10/3	2/7	2/4	25/7	25/4	17/8	18/5	9/9

配种期	产仔期	配种期	产仔期	配种期	产仔期	配种期	产仔期	配种期	产仔期	配种期	产仔期
19/5	10/9	11/6	3/10	4/7	26/10	27/7	18/11	19/8	11/12	11/9	3/1
20/5	11/9	12/6	4/10	5/7	27/10	28/7	19/11	20/8	12/12	12/9	4/1
21/5	12/9	13/6	5/10	6/7	28/10	29/7	20/11	21/8	13/12	13/9	5/1
22/5	13/9	14/6	6/10	7/7	29/10	30/7	21/11	22/8	14/12	14/9	6/1
23/5	14/9	15/6	7/10	8/7	30/10	31/7	22/11	23/8	15/12	15/9	7/1
24/5	15/9	16/6	8/10	9/7	31/10	1/8	23/11	24/8	16/12	16/9	8/1
25/5	16/9	17/6	9/10	10/7	1/11	2/8	24/11	25/8	17/12	17/9	9/1
26/5	17/9	18/6	10/10	11/7	2/11	3/8	25/11	26/8	18/12	18/9	10/1
27/5	18/9	19/6	11/10	12/7	3/11	4/8	26/11	27/8	19/12	19/9	11/1
28/5	19/9	20/6	12/10	13/7	4/11	5/8	27/11	28/8	20/12	20/9	12/1
29/5	20/9	21/6	13/10	14/7	5/11	6/8	28/11	29/8	21/12	21/9	13/1
30/5	21/9	22/6	14/10	15/7	6/11	7/8	29/11	30/8	22/12	22/9	14/1
31/5	22/9	23/6	15/10	16/7	7/11	8/8	30/11	31/8	23/12	23/9	15/1
1/6	23/9	24/6	16/10	17/7	8/11	9/8	1/12	1/9	24/12	24/9	16/1
2/6	24/9	25/6	17/10	18/7	9/11	10/8	2/12	2/9	25/12	25/9	17/1
3/6	25/9	26/6	18/10	19/7	10/11	11/8	3/12	3/9	26/12	26/9	18/1
4/6	26/9	27/6	19/10	20/7	11/11	12/8	4/12	4/9	27/12	27/9	19/1
5/6	27/9	28/6	20/10	21/7	12/11	13/8	5/12	5/9	28/12	28/9	20/1
6/6	28/9	29/6	21/10	22/7	13/11	14/8	6/12	6/9	29/12	29/9	21/1
7/6	29/9	30/6	22/10	23/7	14/11	15/8	7/12	7/9	30/12	30/9	22/1
8/6	30/9	1/7	23/10	24/7	15/11	16/8	8/12	8/9	31/12	1/10	23/1
9/6	1/10	2/7	24/10	25/7	16/11	17/8	9/12	9/9	1/1	2/10	24/1
10/6	2/10	3/7	25/10	26/7	17/11	18/8	10/12	10/9	2/1	3/10	25/1

配种期	产仔期	配种期	产仔期	配种期	产仔期	配种期	产仔期	配种期	产仔期	配种期	产仔期
4/10	26/1	20/10	11/2	5/11	27/2	21/11	15/3	7/12	31/3	23/12	16/4
5/10	27/1	21/10	12/2	6/11	28/2	22/11	16/3	8/12	1/4	24/12	17/4
6/10	28/1	22/10	13/2	7/11	1/3	23/11	17/3	9/12	2/4	25/12	18/4
7/10	29/1	23/10	14/2	8/11	2/3	24/11	18/3	10/12	3/4	26/12	19/4
8/10	30/1	24/10	15/2	9/11	3/3	25/11	19/3	11/12	4/4	27/12	20/4
9/10	31/1	25/10	16/2	10/11	4/3	26/11	20/3	12/12	5/4	28/12	21/4
10/10	1/2	26/10	17/2	11/11	5/3	27/11	21/3	13/12	6/4	29/12	22/4
11/10	2/2	27/10	18/2	12/11	6/3	28/11	22/3	14/12	7/4	30/12	23/4
12/10	3/2	28/10	19/2	13/11	7/3	29/11	23/3	15/12	8/4	31/12	24/4
13/10	4/2	29/10	20/2	14/11	8/3	30/11	24/3	16/12	9/4	1/1	25/4
14/10	5/2	30/10	21/2	15/11	9/3	1/12	25/3	17/12	10/4	2/1	26/4
15/10	6/2	31/10	22/2	16/11	10/3	2/12	26/3	18/12	11/4	3/1	27/4
16/10	7/2	1/11	23/2	17/11	11/3	3/12	27/3	19/12	12/4	4/1	28/4
17/10	8/2	2/11	24/2	18/11	12/3	4/12	28/3	20/12	13/4	5/1	29/4
18/10	9/2	3/11	25/2	19/11	13/3	5/12	29/3	21/12	14/4	6/1	30/4
19/10	10/2	4/11	26/2	20/11	14/3	6/12	30/3	22/12	15/4	7/1	1/5

在没有预产期推算表的情况下，可根据配种日期，按112～116天妊娠期推算产仔日期；也可按"三三三"的方法推算，即配种后母猪妊娠3个月加3周再加3天的方法推算；还可按月加4、日减6的方法推算，如母猪在5月28日配种，则为5加4等于9，28减6等于22，其预产期为9月22日。

3. 接产用具、物品的准备 产前要准备好分娩时所需的用具及物品，如消毒用的酒精、碘酊，装小猪用的箱子，照明用的灯或手电,小猪取暖用的火炉、红外线灯等,接产用的擦(抹)布,打耳号用的耳号钳,剪牙用的钳及称体重用的秤等。

4. 母猪进入产圈(舍) 根据母猪的预产期,把临产母猪提前3～5天赶入已消毒好的产圈。并建立值班制度,观察母猪临产征状,做到母猪分娩时有人照管,减少新生小猪的死亡和保证母猪的安全。

(二)分娩前的母猪饲养管理

分娩前的饲养主要是根据母猪体况和乳房发育情况而定。一般来说,体况较好的母猪,产后初期乳量较多、较稠,而小猪生后吃奶量有限,有可能造成母乳过剩,发生乳房炎;另外,小猪吃了过度浓稠的乳汁,常常引起消化障碍,或时感口渴喝脏水,造成腹泻。为了避免上述现象发生,对于膘情较好的母猪,在产前5～7天应按每日喂量10%～20%比例减少精料,少喂或不喂青绿多汁饲料。在分娩当天,可少喂或不喂饲料,但应喂给一些麸皮温汤水等轻泻饲料,防止母猪发生产后便秘。对体况较差、较瘦的母猪,产前不但不应减料,反而应加喂一些高质量饲料,如富含蛋白质的动物性饲料、饼粕类植物性饲料和质量好的青绿多汁饲料。体况太差的母猪,分娩前能吃多少就给多少,不能限量,否则将影响分娩后乳汁的分泌,进而影响小猪吃奶和生长发育,也可能影响小猪断奶后母猪的再发情,而影响下一个繁殖周期。妊娠后期母猪喜卧,不喜欢过多地运动,故应给其创造较安静、舒适的环境。对不在产床产仔的母猪,饲养人员应多与母猪接触,并在喂食或清扫圈舍卫生时,用手抚摩或用扫帚刷拭母猪身体,使其形成不怕人的条件反射,为接产时人接触母猪做好准备。另外,最好在圈舍中放一些垫草,便于母猪叼草絮窝,也便于饲养人员观察其分娩的时间。

(三)分娩前的母猪乳房与行为变化

1. 乳房变化 母猪在分娩前 7 天左右乳腺发育逐渐充实,乳房基部和腹壁之间呈现出明显的界限,随着临产的接近,这种界限变化越来越明显。

2. 行为变化 母猪在妊娠后期,活动量显著减少,性情变得温驯,喜欢躺卧。但母猪在分娩的前两天却一反常态,一般表现为烦躁不安,吃食不正常,并有防卫反应,当陌生人走近时,常有张口攻击动作出现。随着临产时间接近,母猪排粪次数增加。

(四)母猪临产征状与分娩

1. 临产征状 根据群众多年积累的经验,观察母猪的临产征状可采用"三看一挤"的方法。

一是看乳房。母猪在产前乳房膨大有光泽,两侧乳头外胀呈"八"字形向外分开。俗称:"奶头奓(奓 zhà,张开的意思),不久就要下。"

二是看尾根。母猪临产前,尾根两侧下凹,阴道松弛,阴唇红肿。

三是看行为表现。临产前母猪食欲减退,表现起卧不安,在圈舍中来回走动,并叼草絮窝,这种行为出现后一般 6～12 小时就要分娩。母猪阴门有黏液流出,频频排尿。俗称:"母猪频频尿,产仔就要到"。

一挤是挤乳头。一般情况下,母猪腹部前面的乳头出现浓乳汁后 24 小时左右可能分娩,中间乳头出现浓乳汁后 12 小时左右可能分娩,后边乳头出现浓乳汁后 3～6 小时可能分娩。但以上时间不是绝对的,乳汁出现的多少和早晚与母猪吃的饲料种类和身体状况有关。判断母猪产仔时间比较准确的方法,是用手轻轻压母猪的任何一个乳头,都能挤出很多很浓的乳汁,说明母猪马上就要生产了。俗话说:"奶水穿箭杆,产仔离不远"。

2. 母猪分娩 母猪出现临产征状后即进入分娩的准备阶段,此阶段的特征是母猪的子宫颈扩张和子宫肌肉收缩。由于子宫肌肉的收缩,迫使胎内羊水和胎膜向已松弛的子宫颈推进,促使子宫颈扩张。子宫的收缩开始为每15分钟周期性地发生一次,每次持续20秒钟左右。随着时间的推移,子宫收缩频率、强度和持续时间增加,一直到每隔几分钟重复地收缩1次。此时,胎儿和尿囊绒毛膜被迫进入骨盆,且尿囊绒毛膜破裂,羊水流出,俗称"破水"。由于子宫收缩由慢到快,胎儿进入骨盆和产道,排出体外。一般正常的分娩间歇时间为5～25分钟产出1头小猪,分娩持续时间为1～4个小时。小猪全部产出后隔10～30分钟胎盘排出,分娩即告结束。

(五)分娩后的母猪饲养管理

分娩后的母猪饲养,主要是恢复由于产仔造成的虚弱体质,以及保证小猪有足够的乳汁吸吮。分娩后2～3天内,由于母猪体质虚弱,代谢功能未恢复正常,故饲喂量不宜过多,应逐渐增加。此外,母猪产后不宜饲喂凉食或凉水,以免伤胃而引起产后不食现象。到产后5～7天,应按哺乳母猪的饲养标准进行正常饲喂。但对体质较弱、体况较差和产乳量较少的母猪,可以在产后喂给高质量的饲料,并不限饲喂量。必须强调的是,母猪产后不论喂给什么样的和喂给多少数量的饲料,都要保证母猪喝到充足、新鲜和干净的饮水,以保障母猪正常泌乳。

产后母猪的管理,主要是迅速恢复母猪的体力,注意圈舍内温、湿度的调节,创造安静、舒适的环境,护理好小猪,使母猪经常躺卧休息,避免频繁起卧。产后的母猪应防止生殖道感染,尤其是夏天炎热季节,一旦发生疾患,要及时治疗。另外,还应防止母猪发生乳房炎,以免影响给小猪哺乳。

二、接　产

接产的任务之一是护理好新生小猪,防止被母猪压死和在寒冷季节受冻而死,对假死猪及时救护;任务之二是护理母猪,防止难产和在发生难产时进行及时的处理,保护好母猪。

(一)人员值班

母猪分娩期间,要安排人员值班,并加强值班人员的责任心,使之坚守岗位,认真负责地做好接产工作。接产人员必须掌握母猪的分娩征候,估计母猪大致的分娩时间。在母猪分娩过程中,必须有人看守,护理好母猪和小猪,防止母猪难产和提高小猪成活率。

(二)小猪出生后的处理

为了减少新生小猪的死亡,使其尽快适应脱离母体后的新环境,在小猪护理上应坚持做到"掏、断、擦、剪、烤、吃"六个方面的工作。

1. 掏　当小猪出生后,接产人员应迅速用一只手握住小猪身躯,呈水平状或让小猪头稍低,再用另外一只手拿干净的毛巾或布,迅速将小猪口腔内和口鼻部的黏液掏出擦净,以免黏液堵塞口鼻，使小猪窒息而死。

2. 断 当小猪出生后将脐带内的血液向小猪腹部方向挤压，然后在距离腹部 5 厘米左右处，用手指掐断或用剪刀剪断，并对断端用碘酊(碘酒)消毒。若断脐带时流血过多，可用手指捏住断头，直到不出血为止。小猪出生后若脐带未脱离母猪时，应用两手慢慢将脐带从母体里理出，千万不能生拉硬扯，以防止大出血造成小猪失血过多而死亡。

3. 擦 用洁净的毛巾或布，把出生小猪身上的黏液尽快擦干净，以促进小猪的血液循环，防止感冒，让其尽快适应新的环境。

4. 剪 当母猪分娩过半数或分娩结束以后由于乏力而显得比较安静时，对小猪逐头进行称重、剪牙和编号。剪牙是将小猪上下颌锐利的犬齿剪掉。如不剪牙，常造成以下两种情况：一是小猪在争夺乳头时互相殴斗而咬伤面颊，一旦被细菌感染发炎，将影响其吮乳；二是小猪在争抢乳头时咬伤母猪乳头或乳房，常伴有乳房炎发生，造成母猪疼痛不安，拒绝哺乳，严重影响小猪的生长发育，母猪因病痛经常起卧，也容易踩死或压死小猪。如对乳房炎治疗不及时，还会失去泌乳能力，降低母猪的种用价值。基于这些原因，在小猪出生时，一般均需剪去犬牙，以保证母猪的正常哺乳和小猪的健康生长发育。剪牙的具体方法是用 1 只手的拇指和食指捏住小猪上下颌之间(即两侧口角)，迫使小猪张口并露出犬牙，然后用犬牙剪或电工用的斜口钳分别剪去左右各两枚犬牙。剪牙时注意不要伤及齿龈和舌头，剪下的齿粒不能让小猪吞掉。

为了识别小猪，观察其生长发育情况，核查母猪的生产性能，或者做种猪饲养，应给小猪编号，也就是剪耳号。剪耳号的方法很多，也不尽统一，但较常用又易掌握的是"左大右小、上 1 下 3"的方法,即左耳上缘缺口为 10,下缘缺口为 30,耳尖缺口为 200;右耳上缘缺口为 1,下缘缺口为 3,耳尖缺口为 100。如果小猪数量多,可在两耳中间打洞,左耳洞为 800,右耳洞为 400(图 2-1)。

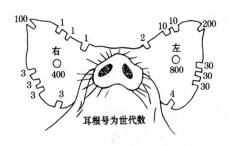

图 2-1 小猪剪耳号方法

5. 烤 产房(舍)温度过低或在寒冷季节,小猪生后擦净身体,放入保温箱或盒中,用红外线灯或电热板将其烤干,并训练小猪经常卧于灯下,以防止被压死、冻僵。条件较差的猪场,可用火炉或土暖气烘烤。

6. 吃 将小猪身体烤干后可放到母猪处,让其尽快吃到初乳,以增加抵抗外界环境变化的能力。

(三)假死小猪的处理

母猪产仔时间过长,体力消耗过大,小猪不能及时产出,造成小猪在母体内过早断掉脐带,使其氧气供应受阻,产下时即停止呼吸,但心脏仍在跳动,这种现象叫做"假死"。遇到假死的小猪,应首先用手掏出小猪口鼻中的黏液,再施行人工呼吸。其方法有二:一是将小猪头朝下,左右两手分握其两肋骨处,一合一张有节奏地挤压,直到小猪咳出声音为止;二是将小猪横卧,用一只手托其肩部,另一只手托其臀部,然后一屈一伸反复进行,直到小猪叫出声音为止。待小猪张口呼吸或叫出声音后放到红外线灯下或火炉旁将身体烤干,再让其到母猪处吃奶。

(四)难产小猪的处理

母猪出现分娩征候,而且生殖道流出羊水(俗称破水)后长时间腹部剧烈阵痛,用力努责,甚至排出粪便,但不见小猪产出;或者由于母猪体弱,在产下第一头小猪后没有宫缩现象,其余小猪长时间产不出,都称为难产。母猪难产时应实行人工助产。首先给母猪注射人工合成催产素,用量为每100千克体重2毫升。如果不是小猪横位,属宫缩无力,一般注射催产素后20～30分钟可产出小猪。如果注射催产素无效,可采用手术助产。在进行手术时,应剪短、磨光手指甲,用肥皂、来苏儿水洗净、消毒手臂后涂润滑剂。之后随着母猪的努责间歇把手慢慢伸入产道,待摸到小猪后如果是横位(即小猪横向卡在产道内),应将其顺位让小猪自己出生,或将小猪随母猪努责慢慢拉出。拉出1头小猪后若母猪转为正常分娩,不必再用手去掏。手术助产后,应给母猪注射抗生素或其他消炎药物,以防产道、子宫发生炎症。

第三章　提高哺乳母猪的泌乳力

母猪是发展养猪业的基础。饲养母猪的任务是提高其年繁殖力(年育成断奶小猪头数)。而哺乳期母猪的饲养管理水平,则以哺育断奶小猪头数及断奶小猪窝重的形式表现出来。因此,提高哺乳母猪的泌乳力成了饲养母猪的重点。

一、影响母猪泌乳力的因素

影响母猪泌乳力的诸多因素中,其主要因素有以下几个。

(一)遗　传

不同类型的猪种,其泌乳量不同,比如大白母猪28天平均泌乳量为250千克,而皮特兰母猪则只有190千克。皮特兰母猪泌乳性能之所以较差,可能是由于该品种向产肉力方向选择而造成的体质问题所致。另外,体型大的猪种比体型小的猪种泌乳力高。在同类型同体型的猪中,产仔多的比产仔少的泌乳力高。

(二)胎　次

初产母猪的泌乳力一般比经产母猪低,因初产母猪的乳腺发育尚不完善。第二、第三胎时泌乳力上升,以后保持一定水平。如果以各胎泌乳量的总平均值作为100,初产时的泌乳量则相当于80,2胎时为95,3～6胎时为100～120。

(三)饲料营养水平

由于哺乳母猪每天要从体内排出含有大量蛋白质、脂肪等营养物质的乳汁,需要喂给母猪营养全价的饲料。如果饲料营养水平低或营养不全价,无青绿饲料,饮水不足等,就会严重影响母猪的泌乳量。

(四)环境与疾病

母猪产后无乳,被称为母猪无乳综合征,俗称产后热。这与环境、气候、营养、管理等因素有关。主要表现为母猪乳房炎、子宫炎、无乳或少乳以及乳汁变质(稀薄、水样、带血、带脓等)。并伴随体温升高,食欲减退,粪便干燥。常见 1 个或几个乳房肿胀有硬块,常伏卧不给小猪哺乳。在我国南方 7～9 月份炎热季节,由于高温、高湿,再加上猪舍不清洁,哺乳母猪乳头拖地摩擦损伤或小猪争夺乳头时把乳头咬伤,就有可能使大量病菌经乳头或伤口进入乳房而致病;或者因母猪产前、产后喂的饲料量过多,造成消化障碍,也会间接引起炎症。

二、提高母猪泌乳力的方法

由于母乳是小猪出生后的主要营养物质,为保证小猪正常发育,必须采取有效措施,保证母猪在整个哺乳期内有较高的泌乳力,并延长泌乳高峰期。

(一)供给优质全价的饲料

1. 哺乳母猪的营养需要量 必须有足够、优质全价的饲料做后盾,才能保证母猪每天分泌量多质优的乳汁以及维持本身的正常体况,在哺乳期结束后能正常发情配种。所以在母猪全繁殖周期内,泌乳阶段是消耗优质饲料最多的阶段。

(1)哺乳母猪每头每日营养需要量 见表3-1。

表3-1 哺乳母猪每头每日营养需要量

项 目	体重阶段(千克)			
	120～150	150～180	180以上	每增减1头小猪(±)
采食风干料量(千克)	5.00	5.20	5.30	—
消化能(兆焦)	60.61	63.03	64.25	4.49
粗蛋白质(克)	700	728	724	48
赖氨酸(克)	25	26	27	—
蛋氨酸＋胱氨酸(克)	15.50	16.10	16.40	—
苏氨酸(克)	18.50	19.20	19.60	—
异亮氨酸(克)	16.50	17.20	17.50	—
钙(克)	32.00	33.30	33.90	3.00
磷(克)	23.00	23.90	24.40	2.00
食盐(克)	22.00	22.90	23.30	2.00
铁(毫克)	350	364	371	—
锌(毫克)	220	229	233	—
铜(毫克)	22	23	23	—

项　目	体重阶段（千克）			
	120~150	150~180	180 以上	每增减 1 头小猪（±）
锰（毫克）	40	42	42	—
碘（毫克）	0.60	0.62	0.64	—
硒（毫克）	0.45	0.47	0.48	—
维生素 A（单位）	8500	8840	9000	—
维生素 D（单位）	860	900	920	—
维生素 E（单位）	40	42	42	—
维生素 K（毫克）	8.50	8.80	9.00	—
维生素 B_1（毫克）	4.50	4.70	4.80	—
维生素 B_2（毫克）	13.50	13.50	13.80	—
烟酸（毫克）	45.00	47.00	48.00	—
泛酸（毫克）	60	62	64	—
生物素（毫克）	0.45	0.47	0.48	—
叶酸（毫克）	2.50	2.60	2.70	—
维生素 B_{12}（微克）	65	68	69	—

注：以上均以 10 头小猪作计算基数。

　（2）哺乳母猪每千克饲料养分含量　见表 3-2。

表 3-2　哺乳母猪每千克饲料中养分含量

项　目	体重 120～180 （千克）	项　目	体重 120～180 （千克）
消化能（兆焦）	12.12	苏氨酸（%）	0.37
粗纤维（%）	8.00	异亮氨酸（%）	0.33
粗蛋白质（%）	14.00	钙（%）	0.64
赖氨酸（%）	0.50	磷（%）	0.46
蛋氨酸＋胱氨酸（%）	0.31	食盐（%）	0.44
铁（毫克）	70	维生素 K（毫克）	1.70
铜（毫克）	44	维生素 B_1（毫克）	0.90
锌（毫克）	4.40	维生素 B_2（毫克）	2.60
锰（毫克）	8	烟酸（毫克）	9
碘（毫克）	0.12	泛酸（毫克）	12
硒（毫克）	0.09	生物素（毫克）	0.09
维生素 A（单位）	1700	叶酸（毫克）	0.50
维生素 D（单位）	180	维生素 B_{12}（微克）	13.00
维生素 E（单位）	8		

2. 母猪哺乳期按胎次饲喂　这是近年来养猪业的新观点。按胎次进行哺乳母猪的饲喂，将是母猪营养的一个重大进展。虽然该措施是针对大型猪场的，但对我国目前的养猪业还是值得借鉴的。持此观点的科学工作者认为，目前多数初产母猪哺乳期所喂的日粮不适当，因为通常这些

日粮是为成年母猪设计的,初产母猪需要得到比成年母猪更多的营养才能满足自身生长发育需要和泌乳需要,而且还得储备一些供下一胎繁殖活动需要。他们认为,如果经产母猪在哺乳期每天至少需 36 克赖氨酸和 63 兆焦(15.1 兆卡)消化能的话,而初产母猪在哺乳期至少需 55 克赖氨酸和 67 兆焦(16 兆卡)消化能(指大体型的引进猪种——笔者注)。需要特别指出的是,初产母猪在第一个哺乳期内对蛋白质的采食量比对能量的采食量重要得多,只有提高氨基酸的供应量才有可能提高泌乳量,从而促使小猪生长及提高母猪下一胎的繁殖率。有些研究结果表明,泌乳日粮配合不当,很可能是初产母猪泌乳量低及第二胎产仔数少的重要原因。

3. 添加油脂 有些研究结果表明,在母猪预产期前 10 天及哺乳期的饲料中添加油脂(动物油脂或大豆油),每天添加 200 克,可提高泌乳量 18%～28%,并可提高乳脂率。

4. 多喂青绿多汁饲料 块根、块茎及青草、青菜、树叶等,适口性好,水分含量高,维生素丰富,在哺乳母猪的饲料搭配上适当喂一些可提高泌乳量。但要防止喂霉变腐烂的饲料。

5. 哺乳母猪饲料配方举例 由于我国地域辽阔,气候差异很大,各地区农作物种类也不同,所以需因地制宜,就地取材,按照前面所提供的每头母猪每日营养需要量及每千克饲料中应有的养分含量自行配制。在此仅提供几例作为参考(表 3-3,表 3-4)。

表 3-3　哺乳母猪饲料配方之一

配方编号		1	2	3	4	5	6
饲料配合比例（％）	玉　米	9	30.2	—	36	37	38
	高　粱	—	—	—	15	—	—
	大　麦	25	30.2	—	—	32	15
	小　麦	15	—	—	—	—	—
	次等面粉	10	—	—	—	—	—
	大豆粉	—	—	5	—	—	5
	稻谷粉	10	—	30.5	—	—	—
	碎　米	—	—	—	5	—	—
	麸　皮	10	10.4	30	6	4	20
	米　糠	10	—	10	10	—	—
	甘薯藤	—	1.2	—	—	7	—
	玉米糠	—	—	15	—	—	—
	草　粉	—	—	—	—	—	2
	苜蓿粉	—	—	—	5	—	—
	酱油渣	—	—	—	5	—	—
	水花生	—	12.6	—	—	7	—
	豆　粕	—	1.8	—	11	5	—
	花生饼	—	—	7	—	—	—
	棉籽饼	10	6.8	—	—	—	—
	向日葵饼	—	—	—	—	—	10
	鱼　粉	—	5.1	—	4	6.5	8

	配方编号	1	2	3	4	5	6
饲料配合比例（%）	贝　粉	—	—	2	—	—	—
	磷（碳）酸钙	0.5	—	—	1.5	—	—
	骨　粉	—	1.3	—	—	1	1.5
	活性炭	—	—	—	1	—	—
	食　盐	0.5	0.4	0.5	0.5	0.5	0.5
	微量元素*	—	—	—	—	—	—
	维生素	—	—	—	—	—	—
	合　计	100	100	100	100	100	100
营养成分	消化能（兆焦/千克）	12.50	10.92	10.25	11.51	12.43	12.84
	粗蛋白质（%）	16.20	13.80	12.40	16.30	15.70	18
	粗纤维（%）	7.20	4.50	7.00	4	5.20	5.50
	钙（%）	0.99	0.75	0.80	0.31	0.71	0.88
	磷（%）	0.74	0.67	0.58	0.52	0.66	0.82
	赖氨酸（%）	0.70	0.68	0.51	0.80	0.77	0.91
	蛋氨酸＋胱氨酸（%）	0.45	0.40	0.57	0.40	0.31	0.68

注：* 微量元素和维生素酌情另加。

　　配方 1～4 适合我国南方地区，其中配方 3 适用于华南小花猪；配方 5～6 适合我国北方地区。

表 3-4　哺乳母猪饲料配方之二

配方编号		7	8	9	10	11	12
饲料配合比例（％）	玉　米	39	33	61	38	47	60
	大　麦	33	10	—	—	—	—
	高　粱	—	13	—	—	4	—
	秣食豆	—	—	2.5	—	—	—
	麸　皮	4	20	7	10	11.2	7
	高粱糠	—	—	—	25	—	—
	酒　糟	—	—	—	—	13.5	—
	秣食豆草粉	—	—	2.5	—	—	5
	青贮玉米	—	—	—	—	7	—
	槐叶粉	6	5.5	—	—	—	—
	豆　饼	10	13	25	25	9.6	25
	菜籽饼	—	—	—	—	5.5	—
	鱼　粉	6	2	—	—	0.8	0.5
	骨　粉	1	2	—	1.4	—	—
	贝　粉	0.5	—	—	—	0.8	2
	石　粉	—	—	1.5	—	—	—
	钙　粉	—	1	—	—	—	—
	食　盐	0.5	0.5	0.5	0.6	0.6	0.5
	微量元素添加剂	—	—	—	—	—	—
	维生素添加剂	—	—	—	—	—	—
	合　计	100	100	100	100	100	100

配方编号		7	8	9	10	11	12
营养成分	消化能(兆焦/千克)	12.72	12.55	13.14	12.8	11.97	14.1
	粗蛋白质(%)	16.40	15.30	17.20	17.30	15.60	17.50
	粗纤维(%)	3.80	4.60	3.70	4.60	4.50	3.40
	钙(%)	0.83	0.87	0.82	0.65	0.75	0.85
	磷(%)	0.62	0.73	0.34	0.45	0.57	0.39
	赖氨酸(%)	0.86	0.75	0.88	0.88	0.71	0.87
	蛋氨酸+胱氨酸(%)	0.41	0.47	0.37	0.44	0.53	0.36

注：配方9、10、12含粗蛋白质较高,适用于蛋白质资源丰富的地区使用,其中配方9含磷量偏低,可用部分骨粉调剂;配方中微量元素添加剂和维生素添加剂酌情另加。

附1　饲料配方中微量元素添加剂配方　硫酸亚铁200克,硫酸铜100克,硫酸锌200克,碳酸钙3 000克。准确称取上述原料,磨细,先混合于少量饲料中,然后逐渐扩大,保证其混合均匀。可供母猪1吨配合饲料用量。

附2　饲料配方中多种维生素配方　维生素A 5 000万单位,维生素D 1 000万单位,维生素E 75克,维生素B_1 5克,维生素B_2 15克,维生素B_6 2.5克,维生素B_{12} 20毫克,维生素K_3 10克,泛酸25克,烟酸40克,氯化胆碱125克,亚硒酸钠55毫克。准确称取上述物质,先与少量饲料混合,逐步扩大拌匀。每吨饲料中加入上述混合维生素150克。

(二)供给足量清洁的饮水

母猪在哺乳期要分泌大量乳汁,除消耗大量养分外,还需消耗大量水分。所以,要不断供给清洁的饮水。

(三)保证哺乳母猪的旺盛食欲

母猪产后如果没有食欲,持续几天就会严重影响泌乳量。食欲减退往往是由于母猪产前喂料过多造成的。因此,应采取产前减料、产后逐渐增料的技术措施(见第二章有关内容)。

(四)认真做好各项管理工作

对哺乳母猪来说,仅注意加强饲养、营养是不够的,如果管理工作跟不上,也会造成泌乳量下降。

1. 充分利用好母猪的乳头 让小猪占用母猪所有的乳头,对初产母猪尤为重要。如果母猪本胎产仔数不足以占用全部乳头时,就要尽量做好并窝和寄养工作,或训练小猪习惯于占用2个乳头。当母猪放乳时,把小猪从它正吸吮的乳头分开迅速地转换到临近的空闲乳头上。如此反复进行3～4次,小猪就能自动从1个乳头换到另外1个乳头上。所有的乳头都被占用,能促使乳腺迅速发育,并能保证下一胎泌乳旺盛。

2. 及时剪断小猪的犬齿 小猪出生后应及时剪断其口腔内的犬齿(其方法见第二章),防止咬痛、咬伤母猪的乳头,造成母猪不安而拒绝哺乳。

3. 保持舒适安静的环境 哺乳母猪如果处在嘈杂的环境或舍内闷热潮湿,会表现烦躁不安,产后厌食、少食,以致放乳间隔延长,每次放乳持续期缩短。母猪正在放乳时如果舍内突然响起嘈杂的声音(其他猪只争抢饲料、厮咬,或工作人员进行其他作业的响声等),正在哺乳的母猪会中止哺喂小猪并站立起来,小猪不能饱食也不安静,更促使母猪不能安静躺卧。野蛮地对待和殴打母猪,同样也能降低泌乳量。有人做过实验,母猪在 1 昼夜中,夜间的产乳量比白天多,从而证实了哺乳母猪需要安静。因此,母猪产房除彻底消毒保持清洁外,还需保持安静,此点与舍内温度、舍内通风同样重要。

4. 做好乳房按摩与护理 按摩能促进乳房的发育,增加其生产性能,并可预防乳房炎。按摩时乳房的血液量增加,营养物质大量进入其组织,增强新陈代谢,增加平滑肌的紧张度和收缩功能,促使乳汁更容易排出。按摩可于母猪产前 2 周开始,直至产后哺乳期结束为止。按摩前先用温水(约40℃)洗净乳房并擦干,然后从上至下按摩乳房整个表面,再对每个乳房及乳头进行深层按摩,每天至少进行 1 次,每次约需 20 分钟。在擦洗、按摩乳房的同时,注意检查乳房有无肿胀及皮肤有无损伤(擦伤、裂痕、结痂等),然后采取针对性的护理措施。

(五)加强母猪无乳综合征的预防与治疗

如果认真执行上述饲养管理措施,并在母猪产仔前后适当采用药物预防和治疗,一般情况下,可避免无乳综合征的发生。

1. 药物预防 母猪临产前 3 天和产后 3 天,每天口服土霉素碱粉 2~3 克。母猪产仔过程中,用青霉素 160 万单位、链霉素 100 万单位混合肌内注射;缩宫素 30~40 单位肌内注射,对本病有良好的预防作用。

2. 药物治疗 一旦发生了无乳症,应及时治疗。笔者从报刊上收集了几种催乳与治疗方法,现选几例简便的介绍如下,供读者参考试用。

(1)食物催乳

方法 1 花生米 500 克,鸡蛋 4 个,加水煮熟,分 2 次喂给,2 天左右即下奶。

方法 2 黄瓜根、蔓 300 克,洗净切碎,放在豆腐汁中煮烂,连喂 2～3 次。

方法 3 白酒 200 毫升,红糖 200 克,鸡蛋 6 个。先将蛋打碎搅拌打散,加入红糖拌匀,然后加入白酒,拌入精料内喂给,1 次即可。

方法 4 虾皮或虾糠 500 克,与米或面一起煮成粥,分 2 次喂给,第二天即可下奶。

方法 5 将健康家畜的胎衣(猪胎衣也可)洗净、煮熟、剁碎,加入适量饲料和少量食盐,分 3～5 次喂完。

方法 6 增喂多汁的胡萝卜、甜菜、青菜、甘薯、青贮饲料等。

(2)中药催乳

方法 1 内服人用催乳灵,每日 1 次,每次 10 片,连喂 3～5 次。或用下乳涌泉散,每次 2～3 包,口服。

方法 2 王不留行 40 克,通草、穿山甲、白术各 15 克,白芍、黄芪、党参、当归各 20 克。共研细末,调在饲料中喂母猪。

(3)西药治疗 患乳房炎后有全身症状,如体温升高者,可用以下药物治疗。

方法 1 每千克体重用青霉素 1.5 万单位,每日肌内注射 3 次。也可注射或内服磺胺类药物或土霉素碱。

方法 2　　挤掉患病乳房的乳汁，局部涂擦 10％鱼石脂软膏、碘软膏或樟脑油，也可注射 0.5％盐酸普鲁卡因 50～100毫升加青霉素 80 万单位，进行局部封闭。有硬结块时进行按摩、热敷、涂擦软膏。脓肿时必须切开排脓。

第四章　哺乳小猪的饲养管理

一、哺乳小猪饲养的关键时期和主要措施

(一)哺乳小猪饲养的几个关键时期

1. 出生时的护理　这个时期的主要任务是使小猪安全降生,防止新生小猪假死、窒息、冻死和母猪难产,做好出生后小猪某些疾病的预防处理,小猪要及时吃到初乳,为小猪创造温湿度适宜、清洁卫生舒适的生活环境。

2. 出生后7天内的护理　尤其是出生后3天内的护理,这时期的主要任务是固定乳头,防止被母猪压死、踩死,观察小猪是否腹泻和其他疾病的发生,及时诊疗处理。

3. 出生后20天左右的饲养管理　这时期是母猪泌乳高峰快要下降,小猪生长较快,需要补充饲料阶段。主要任务是在母猪泌乳降低时,让小猪尽快吃到营养全价的饲料,补充母猪泌乳的不足和小猪快速生长的需要。

4. 断奶时的饲养管理　小猪断奶后,供给生长发育的营养物质发生了变化,引起生理方面变化很大,抵抗力和免疫力降低,容易发病,所以一定为小猪创造一个好的环境和配制合理的饲料进行饲喂。

5. 断奶后的饲养管理　这个时期的主要任务是保持小猪的增重速度不受影响,保障小猪不得病,为肥育做准备。

(二)哺乳小猪饲养的主要措施

总结多年饲养小猪的经验,要养好小猪,必须抓好"三食"(乳食、开食、旺食)和过"三关"(出生关、补料关、断奶关),及做好"三防"(防应激、防疫病、防死亡)这几项重要措施。

"三食"中的"乳食"就是抓好小猪的哺乳,尤其是要让小猪吃到初乳,并使母猪有质优量多的乳汁供应小猪。为达到此目的,必须按猪的饲养标准饲养好哺乳母猪;"开食"就是训练小猪提早吃料,小猪吃料越早,对以后的生长发育越有利;"旺食"就是小猪生长发育到一定阶段,哺乳只起辅助作用,而此时的营养来源主要靠饲料。

"三关"中的"出生关"就是做好小猪的接产工作(见第二章);"补料关"就是抓好小猪的"开食和旺食";"断奶关"就是抓好小猪断奶方法,断奶前母猪的饲养和小猪断奶时饲料、饲养方法,增加成活率。

"三防"中的"防应激"就是小猪在出生、哺乳、断奶全过程中,尽量减少环境、饲料和饲养方法对其生长发育的影响;"防疫病"就是抓好小猪的健康生长,防止出现腹泻、下痢和营养缺乏等疾病的发生;"防死亡"就是抓好小猪的成活率,从妊娠母猪后期的饲养到小猪的出生、哺乳、断奶和保育全过程,按规定的饲养操作规程饲养,创造良好的生活环境,减少死亡。

二、哺乳小猪的护理

(一)减少死亡

1. 死亡原因

(1)母猪的挤压和踏踩造成小猪死亡　造成初生小猪被压、踩的主要原因有以下几点:一是母猪产仔后身体虚弱,或体型较大、行动不便所致;二是有的头胎母猪产仔时呈神经质,起卧不安,使小猪遭到踩压;三是母猪产仔时产圈未设护仔栏,加上母猪母性不好,造成小猪死亡;四是由于天气寒冷,小猪出生后受冻行动不便而受到踩压;五是母猪产仔日期计算错误,又无人值班看守,小猪生后无人看护,造成死亡;六是小猪生后未剪犬牙,在争抢母猪乳头时,咬伤乳头致使母猪疼痛而起卧频繁,使小猪受到踩压。踩压造成的小猪死亡大部分是在分娩过程中和出生后的第一至第三天,所以此期间最好设专人在旁照护。

(2)下痢和腹泻造成小猪死亡　小猪下痢一般分为哺乳期的黄痢、红痢和白痢,断奶后的腹泻。黄痢一般发生在产后3天内,由溶血性大肠杆菌引起,死亡率高;红痢一般发生在出生后1周内,由魏氏梭菌引起,死亡率高;白痢一般发生于出生后10天左右,由大肠杆菌引起,死亡率低于红、黄痢。小猪腹泻主要是开食和换料引起,如果加强饲养管理,是可以避免的。

(3)营养不良造成小猪死亡　①小猪出生后未能吃到初乳,得不到母源性抗体的补充,使其发病死亡;②由于1窝小猪较多,强弱不匀,互争乳头,体弱者吃不到乳而饿死;③缺乏某些营养素,如小猪生后7天左右缺铁,造成缺铁性贫血而死亡。

(4)发生疾病造成小猪死亡 小猪出生后易发生红痢、黄痢、白痢,吃料后易发生消化不良,造成腹泻;在传染病多发季节易发生小猪猪瘟、副伤寒等传染病而使其死亡。

(5)其他死亡原因 小猪转群、合群造成的意外伤亡;小猪在阉割时,由于手术不当或伤口感染而患破伤风等病造成死亡;小猪吃了有害物质,造成各种中毒而死亡等。

2. 预防措施

(1)提高小猪初生重

①提高小猪初生重的意义 提高小猪的初生体重,不但能大大提高小猪的成活率,而且还能提高小猪断奶体重和育成率,并有利于以后的肥育。

A. 小猪初生重与育成率的关系。据报道,小猪初生重在1.3千克以上者,其育成率在90%左右;而体重在1.2千克左右的小猪,其育成率在80%左右(表4-1)。

表4-1　小猪初生重与育成率的关系

每窝小猪头数	平均初生重（千克）	平均断奶育成数（头）	平均育成率（％）
5	1.33	4.60	92.00
7	1.30	6.10	87.10
9	1.28	7.30	81.10
11	1.26	9.50	86.40
13	1.22	10.40	80.00
15	1.18	12.10	80.70

从表 4-1 可以看出,小猪初生体重越低,断奶育成率越低。还有的资料报道,小猪初生重在 1 千克以下,断奶育成率仅有 70%左右;而初生重在 1 千克以上,育成率可达 80%以上。可见,提高小猪初生重,也是增加小猪数量的重要措施之一。

B. 小猪初生重与断奶重的关系。凡是小猪初生重大的,一般来说断奶重也大,初生重低 50%的断奶重低 16.62%(表 4-2)。

表 4-2 小猪初生重与断奶重的关系

小猪头数	初生体重 (千克)	断奶体重 (千克)	比　较 (%)
60	1.50 以上	18.11	100
128	1.30~1.50	17.85	98.56
141	1.10~1.30	16.74	92.44
57	1.00~1.10	15.19	83.88
56	1.00 以下	15.10	83.38

C. 小猪初生重与肥育的关系。据统计资料表明,小猪初生重大小对肥育猪的增重有很大影响。俗话说:"出生差 1 两,断奶差 1 斤;断奶差 1 斤,肥育差 10 斤。"此话虽然不是十分精确,但也确实说明小猪的初生重对以后的肥育有很大的影响。

②提高小猪初生重的方法　小猪初生重大小与其品种类型、选种选配和妊娠母猪的饲养有直接关系。

A. 选用引入品种和体格大的种猪繁殖可提高小猪初生

重。在同一品种内交配时,引入品种比地方品种猪产仔体重大,这主要是引入品种猪的父母体型比地方品种猪大,如引入的大白猪所产小猪比太湖猪所产小猪大。在同一品种内,要选个体较大的公、母猪交配。俗话说:"母大仔肥"。

B. 杂交可提高小猪初生重。实践证明,不同品种或品系的猪进行杂交,可以提高小猪的初生重。如以大约克夏猪配大约克夏猪纯种繁殖,所得小猪初生重为 100%,则苏×约(苏白猪配大约克夏猪)二元杂种猪为 105.1%,苏×长×梅(苏白猪配长白猪配梅山猪)三元杂种猪为 104.1%,杂种猪分别比纯种猪提高 5.1% 和 4.1%。

C. 加强妊娠母猪后期的饲养可以提高小猪初生重。母猪产前 20～30 天称为妊娠后期。加强妊娠后期的饲养是得到初生体重大、健壮活泼小猪及减少死胎、弱胎的重要环节,这主要是因为小猪初生重的 60% 是在妊娠后期生长的。母猪妊娠后期,胎儿生长发育快,必须供给营养较全的饲料,特别是供给蛋白质、矿物质、维生素含量较高的饲料。若蛋白质缺乏,会影响小猪的初生重和母猪产后的泌乳量;若矿物质缺乏,就会造成小猪初生体重低和软弱。因此,在母猪妊娠后期的饲养中,要适当加喂高蛋白质饲料,如鱼粉、豆饼(粕)之类的饲料及含高蛋白质的青绿多汁饲料。有条件的猪场可在妊娠母猪日粮中加入 10%～15% 的高蛋白质饲料,无条件的猪场应创造条件尽量多加高蛋白质饲料。矿物质饲料主要是磷和钙,日粮中可加 0.7%～2% 的骨粉,若无骨粉可适当加入贝壳粉(牡蛎粉)或石粉等,并同时加入适量的麸皮,保证钙、磷平衡。另外,还需注意食盐的供应。

(2)降低分娩小猪的死亡率　通常母猪产仔数中的"死产"数包括 2 部分:一部分(占 10%～30%)是因感染疾病或

某些营养元素不足使胚胎发育中止,在母体子宫内死亡;另一部分(占70%~90%)是在分娩过程中死亡的,主要是窒息而死。窒息的原因是由于子宫过度收缩,脐带血管破裂或胎盘提前脱离,而使流往胎盘的血液减少,再加上产程过长(产仔过程的末期),后出生的小猪较易缺氧。小猪的分娩死亡率随母猪年龄增长而上升,因年龄大的母猪子宫紧张度下降,致使分娩持续时间加长。

降低分娩时小猪的死亡率,可采取以下措施:一是淘汰老龄母猪,定期更新母猪群;二是注射垂体后叶素(催产素)或毛果芸香碱、新斯的明等,可促进子宫收缩,缩短分娩时间;三是对刚出生即发生窒息的小猪,迅速擦净鼻、口中的黏液,立即进行人工呼吸。

(二)及时哺乳

小猪出生后要立即哺乳及人工辅助固定乳头。母猪的初乳(临产前及产后最初几天分泌的乳汁)中富含乳糖和乳蛋白,为常乳的3倍左右,其中大分子免疫球蛋白占60%~70%,且含有大量微量元素及维生素。初乳对维持小猪正常体温及增强抵抗力起很大作用,并有轻泻作用,能加速胎粪的排出。

小猪出生后,剪断脐带,擦净、烤干被毛后应立即哺乳。生1个哺1个。待母猪分娩结束时,全窝小猪都已吃过足够的初乳,可使母猪和小猪安静休息,能防止小猪互咬脐带。

小猪出生后会自动寻找乳头。前2天是找乳头、抢乳头、固定乳头,建立并稳定母仔之间、同窝小猪之间关系的阶段,当小猪一旦认定了它们占有的乳头后,整个哺乳期就很难改变了。往往是体格健壮的小猪争占泌乳量大的乳头,并有时抢占 2 个以上乳头;而弱小的小猪往往因在几次吃奶时,别的小猪抢吃它的乳头,它只守在一旁又不愿吸吮其他乳头,吃不到乳逐渐衰弱甚至饿死。为提高小猪成活率,绝不能轻视人工辅助固定乳头这一措施。

不同位次的乳头其泌乳量是有差异的。母猪有 6～8 对乳头,通常是最后 1 对乳头泌乳量最少,最前 2 对乳头泌乳量最多,因为在实践中观察到小猪对前 2 对乳头有较强的选择性。不是所有的猪都一样,总的来说,多数母猪的前半部几对乳头的泌乳量比后半部几对相对多一些。

全窝小猪降生后,即可训练固定乳头。当母猪放乳时,使全部小猪都能及时吃到母乳。可利用小猪选择并占据乳头的行为,再按照小猪的体质强弱和大小,加以人为调整,应使弱小的小猪吸吮中部和前部乳头,强壮的小猪吸吮后部乳头。乳头的产乳量与小猪吸乳的能力有密切关系。健壮的小猪能从泌乳较差的乳头中吸食到充足的乳汁,而弱小的小猪利用泌乳多的乳头也能很快健壮起来。经过人为地、有目的地辅助小猪固定乳头,可使全窝小猪到断奶时生长较均匀。

对弱小的小猪需进行"特护"。除尽力使其占据中前部乳头外,在母猪放乳时一定要辅助它叼住乳头并吮出乳汁,帮助几次后即可独立吸食乳汁了。待吮乳位次基本固定后,如尚有多余乳头,可训练较强壮小猪吸食 2 个乳头,尽量使母猪的全部乳头都被占吮。

(三)防压防冻

出生时活着的小猪,在第一周内死亡的主要原因是饿死、冻死和被母猪压死。这些死亡小猪占断奶前总死亡数的一半以上,多半由于初生体重太小、能量储备少、对饥饿敏感;或四肢发育不良、体质虚弱极易受母猪踩压。因此,应加强对出生时体重较小的小猪护理工作,尤其要做好保温防压和疫病防治。在严寒季节,除注意猪舍的密闭、堵墙洞、挂帘防贼风外,还需注意以下几点。

第一,在新生小猪睡卧处应铺垫厚草,最好是地面上铺一层木板,上面再铺垫褥草。

第二,将150~250瓦红外线灯吊在小猪睡卧处的上方,距地面40~50厘米,灯下可保持30℃左右(按各日龄小猪的最适宜温度调整灯的悬挂高度)。小猪睡卧区的四周可用木板等围起来,就形成了保温箱(下面留一小门供小猪出入),并可防止母猪碰撞灯泡或咬断电线而发生意外。除保温箱外,也可采用远红外电热板、电暖(或水暖)地面等。小猪每次哺乳完毕,会自动回到温暖的活动区,或睡眠或玩耍,减少了被母猪踩压的机会。

第三,采用母猪网床分娩栏(图4-1)。当前,越来越多的规模化猪场及养猪户,将待产母猪迁至特制的母猪网床分娩栏内分娩。分娩栏设母猪躺卧区及小猪活动区,两区用栅栏和产架隔开但下面相通,可供小猪自由来往。母猪在分娩栏分娩,有利于小环境的控制,特别是能有效地防止母猪踩压小猪。分娩栏的网床距地面高度20~50厘米,粪尿从网床的缝隙漏下,不污染乳头,能有效地减少疾病的传播,与地面产仔相比较,明显地提高了小猪断奶成活率及断奶时体重。据中国农业科学院原畜牧研究所试验资料统计,300头母猪利用网床产仔,小猪35日龄断奶窝重与地面培育的相比,提高了40%,断奶成活率提高了15%。

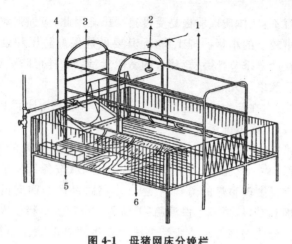

图 4-1 母猪网床分娩栏

1. 产仔架 2. 红外线灯 3. 水泥食槽 4. 自动饮水器
5. 小猪补料槽 6. 网栏(床)

(四)及时补铁

水泥地面或其他预制板地面的猪舍,尤应注意对小猪补铁。铁是血红蛋白、肌红蛋白、铁蛋白以及所有含铁酶类的主要或重要组成成分。初生小猪体内铁的总贮量约为 50 毫克(一般每千克体重仅含铁 28 毫克左右)。初生小猪正常发育时,每天需 7～11 毫克铁,至 3 周龄共需铁约 200 毫克。而100 克母乳中含铁仅 0.2 毫克。由母乳供给小猪的铁量尚不足需要量的 10%(表 4-3),只靠哺乳则不能维持小猪血液中血红蛋白的正常水平,而使红细胞数量随之减少,小猪一般在 10 日龄之内易患缺铁性贫血。表现被毛蓬乱,可视黏膜苍白,皮肤灰白,头肩部略现肿胀。精神不振,食欲减退,生长缓慢并易并发白痢及肺炎。病猪逐渐消瘦、衰弱,重症可致死亡。有些生长快的小猪也会发生因缺氧而突然死亡。小猪血液中血红蛋白含量与生长的关系见表4-4。给初生小猪补充铁制剂,可有效地提高造血功能,改善小猪的营养和代谢。据江西省赣州地区农科所试验,补铁的小猪60日龄体重增加量比对照组高21.3%(表4-5),每100毫升血液中的血红蛋白含量比对照组高19.7%(表4-6)。

表4-3 小猪对铁的需要量与实际摄取量

小猪周龄	小猪活重 (千克)	需铁总量 (毫克)	母乳、饲料中 供铁量 (毫克)	供需差额 (毫克)
1	2.0	70	8	62
2	3.5	112	16	96
3	5.0	170	31	139
4	7.0	230	54	176
5	9.0	295	91	204

表4-4 小猪血液中血红蛋白含量与生长的关系

每100毫升血液中 血红蛋白含量(克)	小猪表现
10以上	生长良好
9	符合最低需要量,能正常生长
8	贫血临界线,需补充铁
7	贫血,生长受阻
6	严重贫血,生长显著减慢
4以下	严重贫血,死亡率上升

表 4-5　铁制剂对小猪体重增重的效果　（千克）

组别	头数	初生重	3日龄体重	10日龄体重	20日龄体重	60日龄体重	总增加体重	总增重率（%）
试验	98	1.25	1.48	2.47	4.85	15.77	14.52	121.30
对照	98	1.26	1.50	2.58	4.25	13.23	11.97	100.00

表 4-6　铁制剂对小猪血红蛋白含量的效果

组　别	头　数	3日龄体重（千克）	血红蛋白含量(克/100毫升血液)			
			3日龄	10日龄	20日龄	60日龄
试　验	98	1.48	8.11	8.76	10.47	12.79
对　照	98	1.50	8.07	6.48	7.94	11.98

注：铁制剂为广西南宁的"富铁力"针剂，小猪3日龄时注射。

从表 4-6 中的数字看出，补铁组小猪血红蛋白含量始终在临界水平以上，且逐步上升；而未补铁的小猪 10 日龄和 20 日龄时，血红蛋白含量在临界水平以下，处于贫血状态。初生小猪补铁后，可显著地稳定或升高小猪 20 日龄内的血红蛋白含量，为以后的增重打好基础。

铜有催化血红蛋白和红细胞形成的作用，还可促进小猪生长。日粮缺铜会影响铁的代谢，同样会发生贫血症。

常用的补铁办法如下。

1. 注射含铁剂　首选药物是易被小猪吸收的铁与氨基酸的螯合物（如甘氨酸铁等）。生产中常用的为右旋糖酐铁（是三价铁与右旋糖酐稳定结合的胶体络合物），国内市售的种类很多，如丰血宝、牲血素、富铁力及铁钴针等；还有血多素和富来血、富来维 B$_{12}$ 等。这些制剂医药公司有售并有使用说明书。一般于小猪 2～3 日龄时,每头肌内注射 1 次,必要时 10 日龄再注射 1 次。

2. 服用硫酸亚铁、硫酸铜口服剂

(1)硫酸亚铁-硫酸铜溶液　称取硫酸亚铁 2.5 克,硫酸铜 1 克,溶于 1 000 毫升热水中,过滤后装入瓶内,小猪从 3 日龄开始补饲。当小猪要吮乳时,先用奶瓶喂给,每日 1 次,每头 10 毫升;或于小猪吮乳时滴于母猪乳头处,使其自然流入小猪口内。用于治疗时,20 日龄前每日 2 次,每次 10 毫升;用于预防时,在 3 日龄、5 日龄、7 日龄、10 日龄和 15 日龄时每日 2 次,每次 10 毫升。

(2)硫酸亚铁-硫酸铜颗粒剂　称取硫酸亚铁 2.5 克,硫酸铜 1 克,研成粉末,加适量蜂蜜和糖精,然后均匀地掺入淀粉或其他种类赋形剂中,使总重达到 1 000 克,制成小颗粒。可用于预防和治疗小猪缺铁性贫血症,其用法和用量可参照口服硫酸亚铁-硫酸铜溶液的做法。

3. 勤更换猪舍内的红土　红壤土含多种微量元素,特别是富含铁。经常到红壤地区运回一些深层的红壤土,铺撒在圈舍内,任小猪自由舔食。但要经常挖地下深层新的红土更换被粪尿污染过的红土。

(五)预防腹泻

小猪 1 周龄内发生腹泻时死亡率高,存活下来的小猪日增重也低,甚至成为僵猪。患病小猪一般先呕吐后腹泻,迅速脱水,皮肤紫绀,停止吮乳。曾有人做过小猪发生腹泻时的日龄与其后生长速度关系的调查,其结果如表 4-7 所示。

表 4-7　小猪发生腹泻的日龄及对日后生长的影响

腹泻发生时间	头　数	断奶前死亡		断奶前日增重（克）	出生至出栏日增重（克）
		头　数	％		
2～4 日龄	123	24	22.0	170	520
4 日龄以后	34	4	11.8	135	508
未发生腹泻	1648	103	6.3	182	557

　　由表 4-7 可以看出,小猪发生腹泻与未发生腹泻的相比,死亡率和生长率差异显著。

　　1. 引起小猪腹泻的原因　　引起小猪腹泻的原因较多,临床上可将其归结为传染性腹泻与非传染性腹泻两大类。

　　(1)传染性腹泻　　引起传染性腹泻的传染源,主要包括病毒、细菌和寄生虫 3 种。病毒主要有传染性胃肠炎病毒、轮状病毒;细菌主要有大肠杆菌、魏氏梭菌和猪痢疾密螺旋体;寄生虫主要有猪等孢球虫等。

　　①病毒性腹泻

　　第一,猪传染性胃肠炎病毒引起的腹泻能感染各种年龄的猪,但尤以 10 日龄以内的小猪发病率、死亡率最高。小猪死亡率一般可达 100%,5 周龄以上的小猪死亡率较低,成年猪几乎不死亡。该病有明显的季节性,多发于冬、春寒冷季节,传播迅速,常呈地方流行。病猪主要症状是:体温升高,精神沉郁,排出腥臭的水样粪便并伴有呕吐。在老疫区,猪的发病率较低,病状也较轻;在新疫区,首次感染发病率一般为 100%,成年猪发病多呈良性经过,而 10 日龄内的小猪死亡率极高。该病一旦发生就很难消除。

第二，轮状病毒引起的腹泻能感染各种年龄的猪，以8周龄以内的小猪多发，发病率较高（50%～80%），死亡率较低（7%～20%）。该病多发于晚秋、冬季和早春较寒冷季节。病猪主要症状是精神委顿，呕吐，腹泻，排出黄白色或灰暗色水样或糊状稀粪。

②细菌性腹泻

第一，大肠杆菌引起的腹泻主要发生在出生后7日龄内的小猪、7～30日龄的哺乳小猪和断奶后至2月龄内的小猪三个阶段。出生后7日龄，1～3日龄的小猪最常见的是黄痢病；7～30日龄小猪发生的腹泻称为小猪白痢，一般常在小猪断奶后的3～10天发生。

第二，魏氏梭菌引起的腹泻又称小猪红痢，以出生1～3天的新生小猪多见，小猪出现急性出血性肠炎，病程短，寄生虫性腹泻死亡率高。

第三，猪痢疾密螺旋体腹泻大小猪均可感染，一般多在断奶后的小猪发生。

(2)非传染性腹泻　非传染性腹泻主要包括小猪消化功能不全，日粮抗原过敏，营养因子缺乏和各种环境应激因素等。

①小猪消化功能不全　小猪的消化系统随着出生日龄的增加，各种消化器官逐渐发育成熟，各种消化液，如酸和酶的分泌逐渐正常。但在消化系统未发育成熟之前，对母乳和补加饲料等应激有一定的适应过程，如果在适应过程中出现异常，小猪就会发生腹泻。尤其是断奶后由吃奶为主变为吃饲料为主的小猪，更易发生腹泻。据资料表明，小猪断奶后1周各种消化酶活性水平会降低到断奶前的1/3，影响营养成分的消化和吸收。此外，小猪断奶后由于胃酸分泌不足，使pH值升高、胃蛋白酶形成减少、饲料中蛋白质的消化率降低，这

些消化不完全的饲料就为肠道内致病性大肠杆菌及有害微生物的繁殖提供了有利条件,抑制了乳酸菌的生长,最终使小猪因消化不良而引发腹泻。另外,由于小猪消化道及酶系统尚未发育健全,易发生日粮抗原过敏反应。也就是说,小猪在采食饲料时对饲料中的营养成分要经历一段过敏时期,即饲料抗原引发小猪发生细胞介导的过敏反应,导致小肠损伤。表现为小肠绒毛萎缩、隐窝增生,进而引起功能变化而发生腹泻。

②环境应激因素　由于小猪出生后要经过哺乳、补料和断奶保育等一系列的环境变化,再加上小猪自身免疫系统、消化系统和酶系统尚未发育健全,使其对补料、断奶、饲料变化、温度、湿度、圈舍、饲喂人员等环境变化非常敏感,并产生一系列的应激反应而发生腹泻。尤其是刚断奶的小猪,在应激环境下其免疫力和抵抗疾病的能力下降,更易发生大的传染病,造成小猪的死亡。

2. 预防和治疗办法

(1)免疫接种　在母猪临产前 3 周左右,接种大肠杆菌 K_{88}、K_{99} 二价基因工程活菌苗,耳根深部皮下注射 1 毫升,保护抗体可通过初乳传递给小猪,以预防本病。据报道,新菌苗接种后小猪腹泻发病率由 67% 下降至 6%,平均死亡率从 8.7% 下降至 0.7%,总保护率在 90% 以上,断奶成活率提高 20%。也就是说,每窝小猪可多活 1～2 头,且小猪断奶个体重比对照提高 1 千克以上。

由于小猪必须通过母猪的初乳接受免疫抗体,所以一定要使小猪在出生 6 小时内吃到初乳。对无力吸吮乳头的弱小小猪,可将初乳挤出后用吸管或洗眼皮球投服。

(2)创造适宜的环境条件　参见本章"哺乳小猪的护理"中的"防压、防冻"的有关要求。

（3）做好消毒工作　除在场、舍进门处设人员及车辆消毒池外，对猪舍要定期消毒。特别是在母猪产仔前，要预先把产房、产仔笼、育仔箱、褥草等通过物理和化学两种方式消毒。物理方法是指在阳光下反复暴晒（褥草及保温箱等）及高温蒸煮（衣服及用具等）。舍内消毒除可用火焰灼烧法（火焰喷灯）外，常用化学消毒剂进行消毒，例如氢氧化钠（烧碱、苛性钠）1%～2%溶液，氢氧化钙（熟石灰）10%～20%混悬液（石灰乳），过氧乙酸0.5%溶液，氨水5%溶液等。

（4）加强饲养管理　①在妊娠后期的母猪饲料中添加脂肪可提高乳脂率，有助于提高初生小猪的抗寒力，减少腹泻的发生。②母猪饲料的改变会影响乳汁成分的变化，常引起小猪消化障碍，故哺乳母猪的饲料不要突然变更，饲料中粗蛋白质含量不要过高。③保证小猪有充足、清洁的饮水。

（5）酸化剂（有机酸）对小猪的影响

①小猪消化道酸度的发生与调控　初生小猪胃底腺不发达，只能分泌少量盐酸，到20日龄时才有少量游离盐酸出现，以后随日龄逐渐增加。研究发现，小猪出生后即具有分泌盐酸的能力，但泌酸能力不足，pH值在2.0～3.5之间，出生20日龄的小猪胃液pH值为3.4，30日龄时为4.29，40日龄时为3.2～3.5，到4月龄时盐酸浓度才能达到成年猪水平。小猪消化道酸度首先受母猪乳中的乳糖影响，乳糖在乳酸杆菌的作用下转化为乳酸，维持胃内的酸性环境，小猪采食母乳时，胃内pH值不会发生较大的变化，其次受小猪采食固体饲料的影响，因为采食固体饲料将使小猪胃内pH值升高，如此其胃底腺将分泌大量盐酸来促进胃内pH值的回落；最后消化道中的微生物活动影响酸度，微生物对饲料的发酵作用会产生有机酸和一些有机活性物质影响消化道酸度。

②酸化剂(有机酸)的作用

第一,酸化剂的添加可以帮助维持消化道的酸性环境。小猪消化道对饲料中蛋白质的消化主要靠蛋白质分解酶,而蛋白质分解酶只有在极酸的环境下才能被激活,添加酸化剂可以降低消化道内 pH 值,将胃蛋白酶原激活为胃蛋白酶,并刺激十二指肠分泌较多的胰蛋白酶。有报道称,当胃内 pH 值大于 3.5 时,胃蛋白酶活性就会降低,影响蛋白质等营养物质的消化吸收,而适量添加酸化剂不但可以维持消化道的酸性环境,保持消化酶的活性,还促进营养物质的消化吸收,提高饲料利用率。

第二,酸化剂有助于消化道微生物菌群的调整。小猪胃肠道内主要生存大肠杆菌、葡萄球菌、链球菌、乳酸杆菌、双歧杆菌等微生物菌群。有报道称,胃肠道内病原菌生长的适宜 pH 值都偏碱性,如大肠杆菌的 pH 值为 $6\sim8$,而乳酸杆菌、双歧杆菌等有益菌的 pH 值多在 5 以下的环境中生长繁殖。故添加酸化剂可以改善小猪消化道内酸性环境,促进有益菌的增殖,抑制或杀灭有害菌群,改善肠道内微生物菌群结构,减少细菌毒素的产生,降低小猪腹泻发生的概率。

第三,酸化剂可以增进小猪的食欲,促进养分的吸收。酸化剂的酸味是小猪喜爱的一种气味,是刺激味蕾和消化酶分泌的重要因素。添加酸化剂可以改善饲料风味,提高饲料适口性,进而提高小猪的采食量。另外,酸性化的食糜可刺激小肠壁,促进肠抑素的分泌,反射性抑制胃蠕动,降低胃内容物的排空速度,保证蛋白质在胃内有较多的消化时间,从而提高营养物质的消化率。

③酸化剂(有机酸)的种类

一种是单一酸化剂。单一酸化剂包括无机酸化剂和有机酸化剂两种。

第一,无机酸化剂。无机酸化剂包括盐酸、硫酸和磷酸等。虽然盐酸和硫酸的酸性强,但具有较强的刺激性气味,会影响饲料的适口性,降低小猪的采食量和饲料利用率。添加不当还会引起猪肠道黏膜的损伤,抑制胃酸分泌,影响小猪胃功能的正常发育。因此,在实际生产中很少使用盐酸和硫酸做酸化剂,使用较多的是磷酸。磷酸可使消化道内 pH 值降低,腐蚀性比盐酸和硫酸小,对小猪和设备更安全。另外,磷酸还可以作为小猪磷元素的补充来源,在小猪的生长方面具有一定促进作用。但磷酸的补充一定要适量,过量添加会引起饲料中钙、磷比例失衡,而且过多未被利用的磷排出体外还会造成环境污染。

第二,有机酸化剂。有机酸化剂主要包括:甲酸、乙酸、丙酸、丁酸、乳酸、柠檬酸、延胡索酸、苹果酸、酒石酸、山梨酸等。有机酸化剂具有较好的风味,能够改善饲料的适口性,提高小猪的采食量,还可参与体内营养物质的代谢,并具有较强的杀菌能力,在促进小猪生长方面有较好的效果。此外,有机酸具有腐蚀性小、易溶于水、挥发性小等优点,已在生产中被广泛应用。目前,研究应用较多的酸化剂有:延胡索酸、柠檬酸、丁酸钠和二甲酸钾等。据报道,在断奶小猪日粮中添加 1.5% 的延胡索酸可以提高小猪的日增重和饲料利用率;添加1.5%~2% 的柠檬酸,小猪日增重可提高 15% 左右;添加 1% 的二甲酸钾,小猪日增重可提高 8% 左右。

另一种是复合酸化剂。复合酸化剂是将 2 种以上的单一酸化剂按照一定的比例配制而成。复合酸化剂可以是几种酸配合在一起,也可以是酸和盐类复合物配制而成。由于不同酸化剂之间具有协同作用,所以将不同的酸化剂按照一定比例复合使用,会表现出更好的酸化能力和抗病效果。常用的复合酸化剂分为磷酸型复合酸化剂和乳酸型复合酸化剂 2 大类。磷酸型的代表酸化剂主要是以磷酸为基础再添加延胡索酸和柠檬酸复合酸化剂等;乳酸型的代表酸化剂主要以乳酸为基础再添加延胡索酸、柠檬酸和二氧化硅等。由于磷酸型复合酸化剂具有刺激性气味、适口性差,在生产中应用的效果不太好,故使用较少。目前生产中应用较多的为乳酸型复合酸化剂,其有机酸的成分比较多,且具有良好的风味,酸化作用持久且有较好的抑菌效果。有实验结果表明:两种复合酸化剂都对断奶小猪具有显著的促生长作用,可以显著提高小猪的日增重、改善饲料转化效率、降低小猪的腹泻率。乳酸型复合酸化剂优于磷酸型,其添加量在 0.3% 时的促生长效果较好。由于添加酸化剂可以显著降低小猪胃肠道食糜的 pH 值,可有效地提高胃蛋白酶、胰蛋白酶的活性,促进营养物质的消化吸收。

(6)益生素和益生元对小猪的影响

① 益生素　益生素又称益菌素、促生素等。益生素包括 40 多种益生菌,常见的益生菌主要有乳酸菌、芽孢杆菌、酵母菌等几大类。益生素可以调节猪肠道微生态区系,帮助建立和维持正常的肠道优势菌群。通过改变肠道内活菌的数量可抑制病原菌的繁殖。日粮中添加益生素能显著提高小猪十二指肠、回肠和盲肠 pH 值,提高十二指肠、空肠中消化酶活性。

主要作用机理如下:

第一,改善肠道微生态环境,维持肠道菌群生态平衡。猪肠道中大约有 400 种不同的微生物和宿主共生。正常情况下,肠道内的微生物与宿主保持着动态平衡,且微生物种群中的优势种群对整个机体内微生物种群起决定作用,共同维持猪的健康和正常生产。当肠道中的微生物平衡失调时，就会使猪出现生产性能下降和肠道疾病。添加益生素的目的就是为了补充有益菌群，使有益菌群在数量上占有优势，并使优势菌群得到繁殖和代谢，反过来抑制致病菌群的生长繁殖，保持菌群的平衡，防止菌群失调的发生。

第二，刺激免疫系统，增加免疫功能。益生素可保护肠壁，与病原竞争性附着在肠道上皮细胞，增大细胞间隙，提高巨噬细胞的活性，刺激巨噬细胞产生非特异性免疫调节因子，增强机体免疫功能。

第三，为宿主提供营养素和消化酶等有益物质。益生素的有益菌群能在消化道内繁衍，可在肠道内合成 B 族维生素及多种氨基酸，为宿主提供更多的营养物质。益生素还可在消化道产生水解酶、发酵酶和呼吸酶等，有利于降解饲料中蛋白质、脂肪和较复杂的碳水化合物，提高饲料的转化率。

第四，益生素分泌杀菌物质，抑制病原菌的生长。益生素能合成细菌素、有机酸、溶菌酶、过氧化氢和类抗生素等抑菌物质，其中过氧化氢既可直接杀灭潜在的病原微生物，又可以降低肠道内的 pH 值；类抗生素则通过改变肠道内活菌数量和代谢途径发挥作用。

益生素在养猪生产中的应用如下：

第一，添加益生素有利于提高小猪的生产性能和饲料利用率。有试验表明，在断奶小猪的日粮中添加 0.5％和 1％的强效益生素，试验组小猪的平均日增重与饲料利用率与对照组小猪相比分别提高了 6.89％、5.51％和 13.3％、12.16％，腹泻率分别下降 5.5％、5.5％。

第二，增强小猪的免疫力，防止腹泻。益生素是良好的免疫激活剂，能有效地提高干扰素活性，刺激巨噬细胞产生特异性抗体,提高巨噬细胞活性。益生素可与病原体竞争性地黏附定植于肠道上皮细胞,有效抑制病原体的感染。有试验表明,在 28 日龄断奶的小猪基础日粮中添加 3% 的啤酒酵母干粉发现,啤酒酵母粉对小猪的生长、肠道内微生物的数量和肠道健康特性影响很小,但是可以提高某些血清学免疫特性,在一定程度上提高了小猪的免疫能力。

第三,添加益生素可抑制小猪肠道内氨、吲哚等毒性物质的产生。益生素中的乳酸菌等能在肠道内产生有机酸、过氧化氢等,可抑制肠道内有害细菌的生长,降低脲酶的活性,减少有害物质的产生;芽孢杆菌在大肠中产生的氨基氧化酶和分解硫化物的酶类,可将臭源吲哚化合物完全氧化成无臭、无毒、无污染的物质。

②益生元 益生元又称前生素、化学益生素等。主要指寡糖等一类不能被宿主消化吸收,却能选择性地激活一种或几种体内有益菌群的生长繁殖,从而改变宿主健康的物质。现在养猪生产中开发研究的益生元多指低聚糖(寡糖),主要包括低聚果糖、半乳寡聚糖、甘露寡聚糖、异麦芽三糖、大豆寡聚糖、木寡聚糖等。

益生元主要作用机制如下:

第一,促进有益菌群的增殖。益生元在肠道内不会被消化酶消化利用,但由于益生元发酵的终极产物为乳酸和短链羧酸,可为乳酸杆菌和双歧杆菌等有益菌提供养分,刺激有益菌群增殖,同时达到抑制有害菌增殖的目的。

第二,增强机体免疫功能。有研究表明,酵母等有益菌的细胞壁多糖可增强机体的体液免疫和细胞的免疫功能,如 β-葡聚糖是酵母细胞壁多糖,可刺激体内网状内皮系统产生大量对机体免疫起关键作用的巨噬细胞,而巨噬细胞通过吞噬作用吸收、破坏和清除体内的病原微生物。

益生元在养猪生产中的应用：

第一，我国近几年才开始在饲料中添加益生元，添加量一般不超过 5％，而小猪的添加量则不超过 1％，添加过多会引起小猪消化不良性腹泻。有试验表明，在 19 日龄的小猪日粮中添加 0.3％的从啤酒酵母细胞壁中提取的磷酸化甘露寡糖，提高了小猪的平均日增重和饲料转化效率。

第二，益生素和益生元应用中注意的问题，由于益生素属于活菌制剂，不耐高温、不耐贮藏，易于失活，故在饲料加工过程中应予以注意。同时活菌制剂在进入体内后面临胃酸的耐受性和在肠道内生存及定植的问题。益生元的应用也存在生产成本高和不稳定的因素，因此两者的开发使用还应做进一步深入研究。

(7)酶制剂对小猪的影响　饲料中添加酶制剂可以提供多种酶基质，激活小猪体内多种消化酶的分泌，提高消化酶的有效含量，加速营养物质的消化和吸收，提高饲料利用率，加速小猪的新陈代谢。

①酶制剂主要作用机理　由于小猪存在消化系统不完善、消化酶分泌不足的问题。添加酶制剂，第一可补充内源酶的不足；第二可促进内源酶的分泌；第三可有效地提高饲料利用率；第四可消除饲料中抗营养因子的影响。

②酶制剂应用情况　有材料报道，在断奶小猪日粮中添加 0.1％的复合酶制剂，日增重可提高 5.88％，饲料转化效率提高 10.38％；在日粮中添加 0.2％的复合酶制剂，日增重可提高 19.19％，饲料转化效率提高 26.92％。另外，在断奶小猪日粮中添加 0.1％的酶制剂（蛋白酶、淀粉酶、β-葡聚糖酶等)可使小猪的腹泻发生率和死亡率分别降低 4.55％和

28.06%,并可使饲料中的粗蛋白质、粗纤维和粗脂肪的可消化率分别提高 6.04%、20.50%和 6.43%。

(8)药物防治 对小猪腹泻尽量采取预防措施,减少发病。一旦发病就要采用有效办法治疗,尽量缩短病程。

目前,市售治疗小猪腹泻的药品很多。为提高疗效,减少浪费,对细菌性腹泻应进行药敏试验,从中选择最适合的药品使用。现介绍几种常用药物预防治疗方法。

①抗生素预防 母猪产前 1 周,喂精制土霉素 500 毫克/千克体重;小猪出生后立即滴喂链霉素 2 滴(约 5 万单位),1小时后再进行哺乳。这样,小猪从出生至 7 日龄内几乎不发病,8～20 日龄的发病率比对照群大大降低。

②补液疗法 造成小猪腹泻死亡的根本原因是脱水和电解质紊乱。联合国世界卫生组织推荐过一种简单易行、经济实用、疗效良好的口服液(1 000 毫升温开水中加入 20克葡萄糖、3.5 克氯化钠、2.5 克碳酸氢钠、1.5 克氯化钾),任腹泻小猪自由饮用,或按每千克体重 100 毫升灌服,每天灌 3～4 次,直至痊愈。这种口服液需现配现用,而且早服用效果较好。

(六)并窝与寄养

在生产实践中,经常会遇到以下情况:有些母猪产仔数太少,每胎只产四五头甚至两三头;有些母猪产仔数很多,但限于母猪体质和乳头数,无力哺育全部小猪;有些母猪产后无乳或产后因病死亡,新生小猪嗷嗷待哺。遇到上述情况时,常用并窝与寄养的办法来解决。

所谓并窝是指将两三窝较少的小猪合并起来,由泌乳性能较好的 1 头母猪哺养。寄养则是将 1 头或数头母猪的多余小猪由另外 1 头母猪哺养,或将 1 窝小猪分别给另外几头母猪哺养。用这 2 个办法来调剂母猪的带仔数,充分利用母猪的乳头,避免或减少小猪的损失。实行并窝以后,停止哺乳的母猪即可发情配种,进入下一个繁殖周期。

并窝和寄养的实施,必须在产期相近的几头母猪间进行,如果产期相距较远则不易成功。一般是把先产的小猪移入后产的窝中,当母猪正在产仔时,将另 1 窝小猪放进来较易成功。可在小猪身上涂些来苏儿溶液,或用母猪胎衣、褥草在小猪身上反复涂抹、摩擦,使母猪分辨不出是外来的小猪,易于接纳。

(七)猪瘟疫苗乳前免疫

1. 乳前免疫定义 刚出生的小猪乳前免疫(又称超前免疫、零时免疫),一般多在养猪时间较长或是经常发生猪瘟疫情的猪场采用。新生小猪的乳前免疫,也就是在小猪出生后未吃奶前,立即用猪瘟兔化弱毒冻干疫苗或细胞培养冻干疫苗免疫接种 1 次,免疫接种后 $1\sim1.5$ 小时再让小猪吃奶。此方法效果一般优于常规免疫。

2. 小猪乳前免疫的机理 据试验研究表明,绝大多数母猪的母体抗体不能通过胎盘进入胎儿体内,小猪只有通过吸吮初乳后才可获得母源抗体,并于 $6\sim12$ 小时后母源抗体水平达到高峰,其抗体效价仅略低于母体体内的效价。随着小猪日龄的增加,母源抗体下降至不能使小猪免遭猪瘟侵袭的水平。母源抗体对小猪提供保护的能力决定于母体抗体水平的高低、小猪吃进母乳的数量和小猪本身的健康状况,从而造成小猪抵抗猪瘟病毒侵袭能力的参差不齐。乳前免疫可使小猪在不受母源抗体干扰的情况下,获得较高而整齐的抗体水平,不仅在一定的期限内可以对猪瘟感染产生抵抗力,而且利于以后加强免疫时间的确定,避免出现免疫空白期。

3. 乳前免疫的方法

(1)疫苗的正确使用 疫苗使用前应记录疫苗瓶上的标签内容,如出厂日期、批号等,并注意保存。然后将疫苗用生理盐水稀释后贮放在放有冰块的冰瓶中,随用随取。但是,超过3小时的稀释疫苗不可再用,以免影响免疫接种效果。

(2)疫苗的用量和免疫接种次数 在应用猪瘟兔化弱毒牛睾细胞苗时,一般每次注射2头份。但是,近年来某些厂家生产的猪瘟苗,每头份病毒含量不低于1050个兔体感染量,所以只需要1头份即可。牛体反应组织苗及乳兔组织苗注射也只需1头份。但在猪瘟疫情较严重或猪瘟病毒严重污染的猪场,可进行第二次或第三次免疫接种。第二次在小猪25～30日龄时免疫接种;第三次在60～70日龄时免疫接种。

(3)疫苗注射方法 疫苗注射前应把注射用具煮沸消毒。消毒好的用具不得接触任何化学药品和受到污染。注射用的针头要较细而短,一般为8～9号针头。注射部位最好选在小猪大腿后侧,一手提起后肢做肌内注射。注射前先将注射部位用75％的酒精棉球消毒,待干燥后再注射。

(4)疫苗接种的时间和小猪的管理 在母猪分娩时,每出生1头胎儿,应按接产操作程序护理好小猪,在小猪吃母乳前立即接种猪瘟疫苗,并同时记录小猪编号、注射时间,然后将小猪放入32℃以上的保温箱内。对以后陆续出生的小猪均按上述方法处理。在接种疫苗后1.5小时时(有的专家主张1小时,有的专家主张2小时),按接种时间先后将小猪从保温箱中取出,放到母猪身旁,结合固定乳头让小猪尽快吃到初乳。

三、哺乳小猪的饲料与饲养

小猪出生至断奶期间,食物的主要来源是母乳。但有时遇上母猪产后无乳、母猪有咬仔恶癖、母猪产后死亡或其他原因不能哺育小猪而又没有合适的"保姆猪"时,必须配制人工乳来养育这些吃不到母乳的"孤儿猪"。就是正常泌乳的母猪,其泌乳量在达高峰(产后3周左右)后即逐渐下降,而小猪的食量逐日提高,仅仅靠母乳满足不了小猪的营养需要。因此,在小猪出生后5~7天就应训练使其认料、吃料,等母猪泌乳量下降前学会吃料,才能保证小猪生长发育迅速的营养需要。

(一)哺乳小猪的营养需要

1. 哺乳小猪每头每日营养需要量　见表4-8。

表 4-8　哺乳小猪每头每日营养需要量

项　　目	体重阶段(千克)		
	1~5	5~10	10~20
预期日增重(克)	160	280	420
采食风干料量(千克)	0.20	0.46	0.91
消化能(兆焦)	3.35	7.03	12.59
粗蛋白质(克)	54	100	175
赖氨酸(克)	2.80	4.60	7.10
蛋氨酸+胱氨酸(克)	1.60	2.70	4.60

项　目	体重阶段（千克）		
	1～5	5～10	10～20
钙（克）	2.00	3.80	5.80
磷（克）	1.60	2.90	4.90
食盐（克）	0.50	1.20	2.10
铁（毫克）	33	67	71
锌（毫克）	22	48	71
铜（毫克）	1.30	2.90	4.50
锰（毫克）	0.90	1.90	2.70
碘（毫克）	0.03	0.07	0.13
硒（毫克）	0.03	0.08	0.23
维生素 A（单位）	480	1050	1560
维生素 D（单位）	50	105	179
维生素 E（单位）	2.40	5.10	10.00
维生素 K（毫克）	0.44	1.00	2.00
维生素 B_1（毫克）	0.30	0.60	1.00
维生素 B_2（毫克）	0.66	1.40	2.60
烟酸（毫克）	4.80	10.60	16.40
泛酸（毫克）	3.00	6.20	9.80
生物素（毫克）	0.03	0.05	0.09
叶酸（毫克）	0.13	0.30	0.54
维生素 B_{12}（微克）	4.80	10.60	13.70

2. 每千克小猪饲料中应含养分 见表4-9。

表4-9 每千克小猪饲料主要营养含量

项　　目	体重阶段（千克）		
	1～5	5～10	10～20
预期日增重（克）	160	280	420
消化能（兆焦）	16.74	15.14	13.85
粗蛋白质（%）	27	22	19
赖氨酸（%）	1.40	1.00	0.78
蛋氨酸＋胱氨酸（%）	0.80	0.59	0.51
钙（%）	1.00	0.83	0.64
磷（%）	0.80	0.63	0.54
食盐（%）	0.25	0.26	0.23

(二)哺乳小猪的饲养方法

所有家畜中,具有最大生长速度的是猪,而小猪阶段又是最中之最。所以,必须重视小猪对全价食物(包括人工乳及饲料)需求的迫切性。需要强调的是,必须供给适合其消化能力的配合饲料及喂给量。

1. 人工乳的配制与饲喂 初生小猪因各种原因不能吃到母乳时,要设法用相当于母乳的代用品饲喂。牛的初乳和常乳也可用以饲喂初生小猪,初乳和常乳的配比及用量可参见表4-10。

表 4-10　奶牛初乳和常乳补饲小猪的配比及用量

小猪日龄	配比（%）		每头每日小猪初乳用量(毫升)	每日喂饲次数*
	初　乳	常　乳		
1～3	20	80	80	6～8
4～7	40	60	80	6
8～14	70	30	150	4～6
15～21	100		250	3～4
22～28	100		400	3～4
29～35	100		550	3～4

* 仅指喂乳次数,可间隔喂水。

　　如无奶牛初乳,也可用鲜奶、奶粉等原料配制人工乳,并应注射正常猪的免疫血清,以增强其抵抗力(小猪人工乳配方见表 4-11)。配制人工乳时,准确称取各种原料,注意掌握好温度(37℃～39℃)及全过程的清洁卫生,现用现配,用洗刷清洁的婴儿奶瓶逐头饲喂,也可用小食槽饲喂。

　　2. 诱食料的饲喂　小猪 5 日龄后活动范围逐渐增大,可利用其拱地和捡食颗粒的习性,在小猪活动区(如保温箱内、补饲栏内)撒些炒熟的玉米、高粱、大豆粒以及嫩草、嫩树叶、青菜等,任其自由采食。或把母猪食槽放低,母猪吃食时,小猪可随母猪任意捡食。也可把稍大的小猪与不会吃料的小猪放在一起,以大带小,训练小猪提早开食。3 周龄前的小猪除了乳类食物外,还不能很好地消化别的食物,主要营养来源是乳,诱食料只起辅助作用。

　　3. 抓好旺食阶段的饲养　3 周龄后的小猪可逐渐减少哺

乳次数或减少乳制品的进食,而用谷类、优质豆粕、鱼粉等饲料代替。由于此时母乳已不能满足需要,而小猪采食饲料的能力也逐渐增强,应配制营养全面、适口性好的饲料。为提高饲料的适口性,在前期饲料中可加 5%左右的蔗糖或葡萄糖。但此时消化腺功能不完善,如果实行小猪早期断奶,此阶段的饲料中需添加酶。又因小猪胃容积较小,饲喂以后胃完全排空速度较快(出生至 2 周龄时为 1.5 小时,1 月龄时为 3～5 小时,2 月龄时为 16～19 小时)。因此,每天的喂饲次数应多一些,1 月龄前应喂 6～8 次,1～2 月龄 4～6 次,2 月龄以后可减少至 3～4 次。每次喂量不宜过多,最好增加夜间喂料 1～2 次。

无论是否实行早期断奶,断奶后不要立即更换饲料,断奶前的饲料应在断奶后延续供应 5～7 天后再逐步替换。

4. 供给充足清洁的饮水 在猪的饲养过程中,水的营养作用举足轻重。

(1)水的功能 水是动物体的重要组成部分,哺乳小猪体内含水 75%～80%,成年猪体内含水 60%～65%。需要从外界获得水后再从体内排出水,保持体内水平衡,如果失水20%,有可能导致死亡。体内营养物质的消化吸收、体温的调节以及内分泌、代谢等各种生理活动都需通过水来完成。体内大部分水与蛋白质形成胶体,使组织和细胞保持一定形态、硬度和弹性。猪得不到水比得不到饲料更难以维持生命。猪饥饿七八天还可以活着,但不饮水在短时间内就会死亡。

(2)猪的需水量 通常按采食单位重量干物质计算,以采食每千克干物质饲料的需水量表示,猪一般为 1:4(即采食 1千克干物质,需补 4 升水)。环境温度和饲料含水多少对需水量有显著影响,气温高、饲料干,需水量就多;气温低、饲料含水多,需水量就少。

(3)猪舍供水　不论是平地饲养或网床饲养,都需要安装供水设备。尽管哺乳小猪以母乳为食,但猪乳中的高脂肪,特别是初乳中干物质、蛋白质和乳糖都高,小猪吮乳后常感到口渴,如无清洁饮水,就会因喝污水而感染疾病。

猪舍内或网床栅栏上必须单为小猪安装位置较低的乳头式饮水器,如果是设水槽,则需经常换水。

(三)哺乳小猪饲料配方举例

1. 小猪人工乳配方　见表 4-11。

表 4-11　小猪人工乳配方

	配方编号	1	2	3
原料配合	牛乳(毫升)	1000	1000	1000
	全脂奶粉(克)	50	100	200
	鸡蛋(克)	50	50	50
	葡萄糖(克)	20	20	20
	矿物质添加剂	适量	适量	适量
	维生素添加剂	适量	适量	适量
营养成分	干物质(%)	19.60	23.40	24.70
	消化能(兆焦/千克)	4.48	4.47	5.19
	粗蛋白质(克/千克)	56.00	62.60	62.30

注:1. 配方 1~3 中,可酌情加入炼猪油 3~5 克。

2. 矿物质添加剂和维生素添加剂,建议购买成品,按说明书上的用量添加。

2. 小猪饲料配方　见表 4-12,表 4-13。

表 4-12　小猪饲料配方

配方编号		1	2	3	4	5	6
饲料配合比例（%）	玉　米	62	58	9	43.5	51	54.3
	小　麦	—	—	18	—	—	—
	高　粱	—	—	6	10	10	7.8
	麸　皮	5	5	—	5	—	6
	秣食豆草粉	—	1	—	—	—	—
	豆　饼	28	26	16	20	20	21
	鱼　粉	—	5	12	7	10	8.3
	酵　母	—	—	3.5	1.5	4	—
	全脂奶粉	—	4	30	10	—	—
	胃蛋白酶	—	—	0.3	—	—	—
	淀粉酶	—	—	0.2	—	—	—
	白　糖	5	—	3	—	2	—
	骨　粉	—	1	1.5	0.6	0.6	0.3
	食　盐	0.3	0.2	0.3	0.4	0.4	0.3
	无机盐	适量	适量	适量	1	1	1
	维生素	适量	适量	适量	1	1	1
	合　计	100	100	100	100	100	100

配方编号		1	2	3	4	5	6
营养成分	消化能(兆焦/千克)	13.05	13.76	15.19	13.6	13.68	13.51
	粗蛋白质(%)	18	20.60	24.90	22	21.80	20.20
	粗纤维(%)	2.60	3.00	2.40	2.40	2.10	2.80
	钙(%)	0.59	0.93	1.56	0.79	0.78	0.63
	磷(%)	0.35	0.50	0.54	0.62	0.61	0.58
	赖氨酸(%)	0.85	1.17	1.39	1.34	1.23	1.16
	蛋氨酸(%)	0.17	0.27	0.58	0.34	0.30	0.26
	胱氨酸(%)	0.19	0.21	0.41	0.27	0.17	0.21

注：配方1和配方2适用于7～15日龄小猪(诱食料)；配方3适用于早期断奶前期(5周龄前)小猪；配方4、配方5和配方6适用于早期断奶后期小猪，其中配方5和配方6还适用于不提前断奶小猪哺乳全期的补料。

表 4-13 小猪饲料配方 （单位：%）

项　　目	1～5(千克) 7～30日龄		5～10(千克) 30日龄后		
	1	2	1	2	3
全脂奶粉	20.0	—	20.0	—	—
脱脂奶粉	—	—	—	10.0	—
玉　米	19.0	43.0	11.0	43.6	46.0
小　麦	28.0	—	20.0	—	—
高　粱	—	—	9.0	10.0	18.0

项　目	1～5(千克) 7～30日龄		5～10(千克) 30日龄后		
	1	2	1	2	3
小麦麸	—	—	—	5.0	—
豆　饼	22.0	25.0	18.0	20.0	27.8
鱼　粉	8.0	12.0	12.0	7.0	7.4
饲料酵母	—	4.0	4.0	2.0	—
白　糖	—	5.0	—	—	—
炒黄豆	—	10.0	3.0	—	—
碳酸钙	1.0	—	—	1.0	—
骨　粉	—	0.4	1.0	—	0.4
食　盐	0.4	—	—	0.4	0.4
预混饲料	1.0	—	0.6	1.0	—
淀粉酶	0.4	—	1.0	—	—
胃蛋白酶	—	0.1	0.2	—	—
胰蛋白酶	0.2	—	0.2	—	—
乳酶生	—	0.5	—	—	—
合　计	100	100	100	100	100
消化能(兆焦/千克)	15.27	14.87	15.56	13.59	14.44
粗蛋白质(%)	25.20	25.60	26.30	22.00	20.3

引自赵书广主编《养猪大成》.

第五章　断奶小猪的饲养管理

从断奶开始,小猪进入保育舍饲养。此时,也是养好小猪的一个关键时期。这个时期的任务是减少各种应激,保证小猪的正常生长发育,预防疾病的发生,获得最大的日增重和饲料转化效率。小猪断奶时间、断奶方法及断奶后的饲养管理对小猪成活、生长发育、饲料利用率及以后的肥育有相当大的影响。如果小猪断奶时间和方法合理,加之配套的饲养管理,不但可大大提高其成活率和保证正常生长发育,而且可给以后的肥育打下良好的基础。小猪断奶后由于生活环境条件的突然改变,造成焦躁不安、吃食不正常、增重缓慢甚至体重减轻,或由于抵抗力下降招致细菌、病毒的侵袭,引起疾病的发生。尤其是在哺乳期内开食较晚、吃料较少或体重较小的小猪更易发生上述现象。因此,为了养好断奶小猪,过好断奶关,必须做好饲养制度、饲料和生活环境条件的过渡,尽量减少各种应激,使小猪在断奶后也能正常地生长发育。

一、小猪的断奶和培育方法

(一)断奶对小猪生长发育的影响

小猪断奶后受诸多因素的影响:其一,是离开母猪失去了母爱和母乳,由吃奶为主改为吃料和饮水为主;其二,是饲养管理方法和环境条件发生变化;其三,是小猪断奶后抵抗力降低,易受细菌、病毒的侵袭而发病;其四,是小猪断奶后由于防疫和去势(阉割)及合并猪群常造成应激。

(二)断奶的时间

小猪断奶的时间应根据猪场的生产技术水平和饲养管理、饲料条件的优劣而定。在规模化和集约化生产水平较好的猪场,一般可以缩短小猪哺乳时间,提早断奶,以提高母猪繁殖利用强度;在生产水平较低的猪场或专业养殖户,一般可适当延长小猪的哺乳时间。目前,规模化、集约化养猪场,小猪的断奶时间一般为出生后的 21~35 天,这有利于提高养猪经济效益。但在广大农村,小猪断奶时间一般为 35~56 天。我国传统的 2 月龄断奶方法基本不采用了。提早断奶的最大优点是可以大大地提高母猪的年繁殖力,如 21 天断奶可使母猪年产 2.5 胎,28 天断奶可使母猪年产 2.4 胎,35 天断奶可使母猪年产 2.3 胎,42 天断奶可使母猪年产 2.2 胎。但是,提早断奶必须有相应的技术措施和设备条件做保证,如舒适的环境、高营养品质的饲料等,否则将大大降低小猪育成率。

(三)正常断奶方法

正常的断奶方法一般是根据饲养管理条件、养猪生产水平和生产方式、养猪目的等确定。在规模化、集约化养猪场,多采用一次性断奶方法,便于全进全出的饲养生产。在饲养条件较差的养猪场或农户,多采用逐步断奶或分批断奶的方法。

1. 一次性断奶方法 这种方法是当小猪达到预定断奶日期时,一次性将母猪和小猪完全分开。一次性断奶使小猪突然改变了生活环境和食物来源,往往会导致精神不安,消化不良,食欲不振,使生长发育受阻;还会使母猪乳房胀痛或发生乳房炎。此法对母猪和小猪均有一定影响,但如果注意饲养管理,上述问题是可以解决的。此法最大的优点是简便易行,只是在母猪断奶的前几天减少精料和青绿多汁饲料的喂量,使其降低泌乳量,减少乳房炎的发生;另外,加强小猪的营养和护理,也可保证小猪的正常生长发育。

2. 分批断奶方法 这种方法是根据小猪生长发育情况和用途等,先后分几批次陆续将小猪断奶。一般是将生长发育好、体大而强壮或拟做肥育用的小猪先断奶,而体质弱小或拟做种用的小猪后断奶。此法的优点是能减少母猪精神不安,可有效地预防乳房炎的发生。但最大的不足是断奶时间拉得过长,断奶后的小猪也较难管理。

3. 逐步断奶方法 这种方法是在小猪达到预定断奶日期前4～6天时,有计划地按规定时间把母猪和小猪隔离开,逐渐减少哺乳次数。一般的安排如下:断奶的第一天小猪哺乳次数为4～5次,第二天为3～4次,以后逐天减少,经过4～6天即可使小猪脱离母猪。该方法可保母猪和小猪顺利断奶,但操作起来较困难,花费时间和人力较多,不适于大规模养猪生产。

(四)早期断奶方法

为了提高母猪年生产力,适应规模化、集约化养猪生产,必须实施早期断奶方法。早期断奶的概念不尽相同。目前,我国猪的断奶时间在3～5周龄时称早期断奶,3周龄前称为超早期断奶。

1. 早期断奶的优点

第一,缩短小猪的哺乳时间,可以减少哺乳母猪体重的损失。在小猪断奶后母猪不再经过复膘阶段,可及时发情配种,进入下个繁殖周期。

第二,由于早期断奶,缩短了母猪产仔间隔,大大地提高了母猪的繁殖强度,增加了每年产仔窝数(一般可提高到2.2～2.5窝)。如果小猪3周龄断奶,母猪年产可达2.5胎,每胎产仔以10头计,可产小猪25头,与传统的2月龄断奶年产2胎的母猪相比,每年可多产小猪5头。

第三,可提高饲料利用率。母猪吃料转化成乳,小猪吃奶增加体重。在料转化成乳、乳转化成体重过程中,饲料转化效率只有20%,实际上增加了饲料用量,浪费了一些饲料。采用早期断奶方法,小猪直接摄取饲料,使料直接转化为体重,由料→乳→体重变成料→体重,减少了1次转化,使饲料利用率达到50%～60%,因此大大提高了饲料利用率。

第四,早期断奶可以根据小猪的不同生长阶段对营养的需求,配制全价营养日粮,满足小猪需要,使小猪生长均匀,减少弱猪、僵猪的比例。符合规模化、集约化猪场全进全出的饲养制度。

第五,早期断奶的小猪开食早,对饲料有较强的适应能力,一般采食量大,生长快,对缩短猪的肥育期有重要影响。

第六,早期断奶可降低饲养成本。在养猪生产的成本中,绝大部分是饲料开支。在一年内,1头21天断奶的母猪比56天断奶的母猪少吃100～200千克以上的饲料,因为母猪在哺乳期多吃饲料才能满足泌乳需要。提早断奶缩短了大量采食的哺乳期,饲料用量也随之大大减少。尽管提早断奶的小猪需要多吃些料,但肯定比母猪省下来的饲料少得多。据试验证明,小猪3周龄断奶后饲养至体重达20

千克所需饲料加母猪所用饲料,与 42 天断奶饲养至体重达 20 千克所需饲料加母猪所用饲料相比,21 天断奶可节约饲料 20%～25%。另外,若 1 头母猪按 56 天给小猪断奶,年产只有 2 胎。每胎育成小猪按 8.5 头计,饲养 100 头母猪,每年可得断奶小猪 1 700 头。如果在 3 周龄断奶,生产同样多断奶小猪,只需饲养 80 头母猪,如此可节省 20 头母猪的饲养和其他费用。

第七,早期断奶可预防某些疾病的发生(见小猪早期断奶隔离饲养技术)。

小猪断奶时间与母猪繁殖力之间的关系,见表 5-1,表 5-2。

表 5-1 小猪断奶时间与母猪繁殖力关系之一

小猪断奶日龄(天)	母猪产仔间隔时间(天)	母猪年产窝数	小猪 20 千克时	
			每窝头数	年总头数
21～25	165.5	2.21	8.25	18.20
26～30	170.2	2.14	8.36	17.92
31～35	175.1	2.08	8.45	17.61
36～40	180.1	2.03	8.53	17.29
41～45	185.1	1.97	8.60	16.97
46～50	189.9	1.92	8.66	16.65
51～55	194.8	1.87	8.72	16.34
56 以上	197.8	1.85	8.75	16.15

表 5-2　小猪断奶时间与母猪繁殖力关系之二

断奶周龄 （周）	断奶至第一 次发情（天）	受胎率 （%）	年产 窝数	每窝产 仔数	每窝产 活仔数	年产活 仔数
1	9	80	2.70	9.4	8.93	24.1
2	8	90	2.62	10.0	9.50	24.9
3	6	95	2.55	10.5	9.98	25.4
4	6	96	2.44	10.8	10.25	25.0
5	5	97	2.35	11.0	10.45	24.6
6	5	97	2.22	11.0	10.45	22.5
7	5	97	2.17	11.0	10.45	22.5
8	4	97	2.15	11.0	10.45	21.6

2. 早期断奶的方法　小猪早期断奶的时间，一般根据各地区猪场饲养管理条件、饲料条件及生产需要来确定。如饲养技术好、饲料及设备条件具备的可采用 21 天或 28 天断奶，条件差一点的可采用 35 天或 42 天断奶。总之，小猪哺乳时间越短，断奶后越需要营养全面的饲料和更高的管理水平。小猪早期断奶一般采用一次性断奶方法。对断奶小猪要做好保温、防病工作，要特别注意供应清洁饮水。

3. 早期断奶小猪的生长发育　据中国农业科学院原畜牧研究所、吉林省农业科学院畜牧研究所、湖北省农业科学院畜牧研究所和北京市原双桥农场等单位进行的早期断奶试验证明，早期断奶和传统断奶小猪生长发育没有多大差异（表5-3 至表 5-6）。

表 5-3　早期断奶小猪生长情况

类　别	断奶日龄 （天）	窝　数	初生 体重 （千克）	3 周龄 体重 （千克）	6 周龄 体重 （千克）	体重达 20 千克 时日龄
小群试验	21	42	1.23	5.55	9.52	65.2
	42	29	1.31	5.56	10.97	62.2
中间试验	21	36	1.29	4.98	7.48	71.5
	42	10	1.21	4.91	8.95	72.9

表 5-4　早期断奶小猪生长情况

类　别	断奶日龄 （天）	窝　数	称重日龄	平均每头体重 （千克）	60 日龄平均体重 （千克）
初产母猪	35	24	35	7.80	16.68
	60	19	35	7.76	16.12
经产母猪	40	10	40	10.96	18.15
	60	15	40	10.68	17.55

表 5-5　早期断奶小猪生长情况

断奶日龄 （天）	小猪头数	平均初生重 （千克）	75 日龄体重 （千克）	75 天平均日增重 （千克）
35	52	1.40	21.08	0.259
45	58	1.37	19.52	0.246
60	35	1.28	19.41	0.254

表 5-6　早期断奶小猪生长情况

小猪断奶日龄 （天）	60 日龄体重 （千克）	75 日龄体重 （千克）	120 日龄体重 （千克）
28	15.97	24.45	54.00
35	15.45	23.50	51.91
45	16.40	23.70	51.71
60	17.90	24.90	53.50

从以上几个表中的数字可以看出,早期断奶在刚断奶时暂时使小猪的生长受影响,但不久即可迅速得到补偿,使以后的生长发育不受影响。

4. 早期断奶小猪对营养物质的需要　早期断奶小猪消化功能不够健全,故要求营养物质必须是全价和易于消化的饲料。

(1)对蛋白质的需要　早期断奶小猪日粮粗蛋白质水平的高低,直接影响小猪的生长发育。近年的研究表明,日粮粗蛋白质水平为 20% 即可满足需要,粗蛋白质水平为 22%～24% 时才能改进 3 周龄小猪的生长状况和饲料利用率。

早期断奶小猪对蛋白质的需要,不仅是数量问题,也取决于蛋白质质量。如将含酪蛋白和干脱脂乳日粮蛋白质由 19.5% 提高到 26% 时,体重 4～12 千克小猪的增重、饲料报酬和氮的沉积量提高;若再继续提高到 33% 和 39% 时,则生长速度无变化。但当用类似日粮,以大豆代替酪蛋白,粗蛋白质水平仍为 33% 时,则能得到良好的效果。

(2)对氨基酸的需要　见表 5-7。

表 5-7　小猪对氨基酸的需要量

项　目	体重阶段(千克)		
	1～5	5～10	10～20
预期日增重(克)	200	250	450
预期日采食(克)	250	460	950
消化能(兆焦/日)	3.56	6.52	13.51
蛋白质(%)	24	20	18
精氨酸(%)	0.60	0.50	0.40
组氨酸(%)	0.36	0.31	0.25
异亮氨酸(%)	0.76	0.65	0.53
亮氨酸(%)	1.00	0.85	0.70
赖氨酸(%)	1.40	1.15	0.95
蛋氨酸+胱氨酸(%)	0.68	0.58	0.48
苯丙氨酸+酪氨酸(%)	1.10	0.94	0.77
苏氨酸(%)	0.80	0.68	0.56
色氨酸(%)	0.20	0.17	0.14
缬氨酸(%)	0.80	0.68	0.56
亚(麻)油酸(%)	0.10	0.10	0.10

　　(3)早期断奶小猪的日粮组成　早期断奶小猪日粮的营养必须尽可能完善,而且适口性好,容易被消化吸收,体积小。实践证明,谷物饲料的适口性以小麦和玉米最好;鱼粉是小猪

良好的动物性蛋白质饲料;大豆粉蛋白质含量较高,炒熟后饲喂可增加香味,提高适口性;奶粉不仅营养含量丰富,且适口性亦好。现介绍几种早期断奶小猪的饲料配方(表 5-8 至表5-11),供参考。

表 5-8 早期断奶小猪日粮配方

配方编号		1	2	3	4	5	6	7	8
		7～35 (日龄)	35～63 (日龄)	3～36 (日龄)	5～44 (日龄)	44～59 (日龄)	5～59 (日龄)	7～75 (日龄)	75～120 (日龄)
饲料配合比例(%)	玉 米	20.0	40.0	40.0	20.0	20.0	22.0	35.5	30.0
	小 麦	31.0	18.0	13.5	—	—	—	—	30.0
	大 麦	—	—	—	—	—	—	25.0	—
	炒大豆粉	10.0	6.0	—	5.0	5.0	—	—	—
	豆 饼	15.0	15.0	15.0	20.0	20.0	35.0	15.0	15.0
	鱼 粉	12.0	9.5	10.0	4.0	4.0	—	8.0	5.0
	麦 麸	—	—	5.0	4.4	4.4	15.0	15.0	10.0
	高 粱	—	5.0	10.0	13.0	13.0	20.0	—	—
	大米糠	—	—	—	—	5.0	5.0	—	8.5
	小 米	—	—	—	18.0	16.0	—	—	—
	砂 糖	5.0	—	—	3.0	—	—	—	—
	槐叶粉	1.5	2.0	2.0	—	—	—	—	—
	干酵母	3.5	2.8	3.0	11.0	11.0	—	—	—
	淀粉酶	0.5	—	—	—	—	—	—	—

配方编号	1	2	3	4	5	6	7	8
	7～35（日龄）	35～63（日龄）	3～36（日龄）	5～44（日龄）	44～59（日龄）	5～59（日龄）	7～75（日龄）	75～120（日龄）
饲料配合比例（%） 胃蛋白酶	0.5	0.2	—	—	—	—	—	—
骨粉	0.7	1.0	1.0	1.0	1.0	1.0	—	1.0
蛋壳粉	—	—	—	—	—	—	1.0	—
贝粉	—	—	—	0.6	0.6	1.0	—	—
食盐	0.3	0.5	0.5	—	—	1.0	0.5	0.5
合计	100	100	100	100	100	100	100	100
营养成分 消化能（兆焦/千克）	14.31	14.31	14.12	13.94	14.31	12.55	13.58	13.37
粗蛋白质（%）	22.90	20.00	19.10					
粗纤维（%）	2.46	2.41	2.54	2.53	2.91	3.95	—	—
钙（%）	7.38	7.39	7.60	8.07	8.20	9.01	—	—
磷（%）	5.23	5.46	5.76	5.67	6.41	7.42	—	—
赖氨酸（%）	1.33	1.17	1.08	—	—	—	—	—
蛋氨酸＋胱氨酸（%）	0.79	0.68	0.70					

注：配方1～3为中国农业科学院原畜牧研究所配制,配方4～6为吉林省农业科学院畜牧研究所配制,配方7～8为湖北省农业科学院畜牧研究所配制。

表 5-9　早期断奶小猪各阶段日粮配方

配方区分		10 日龄前	11～21 日龄	22～28 日龄	29～57 日龄
饲料配合比例（%）	鱼粉（进口）	5.00	5.00	3.50	2.50
	大豆粕	11.00	12.50	18.00	24.00
	次　粉	2.60	3.00	2.00	3.00
	乳清粉	18.00	17.00	10.00	3.00
	牛奶乳糖 80	6.00	5.00	2.00	—
	玉　米	33.29	37.85	48.15	56.00
	贝壳粉	0.40	0.20	0.20	0.20
	多种氨基酸	1.11	0.65	0.45	0.35
	植物油	3.00	3.00	3.00	3.00
	食　盐	—	—	0.20	0.15
	膨化大豆	6.00	7.00	7.00	4.00
	肠膜蛋白粉	4.50	2.50	2.00	1.50
	血浆蛋白粉	6.50	4.00	1.50	—
	预混料	2.30	2.00	2.00	2.30
	氧化锌	0.30	0.30	—	—
	合　计	100.00	100.00	100.00	100.00
营养成分	消化能(兆焦/千克)	14.60	14.64	14.56	14.27
	粗蛋白质（%）	20.60	20.66	19.89	19.60
	钙（%）	0.90	0.85	0.74	0.78
	有效磷（%）	0.58	0.53	0.44	0.43

引自广西大学动物科技学院、广西农垦永新畜牧有限公司等.《养猪》2003
年 6 期.

表 5-10　早期断奶小猪饲料配方

	配方编号	1	2	3	4
饲料配合比例（%）	玉　米	38.0	49.0	58.0	66.0
	豆　粕	10.0	16.0	18.0	25.0
	鱼　粉	5.0	5.0	6.0	2.0
	乳制品	30.0	20.0	10.0	—
	油	3.0	3.0	3.0	3.0
	喷雾血浆粉	7.0	—	—	—
	添加剂	7.0	7.0	5.0	4.0
	合　计	100	100	100	100
营养成分	消化能（兆焦/千克）	14.31	14.27	14.43	14.02
	粗蛋白质（%）	21.30	19.60	19.40	18.10
	赖氨酸（%）	1.54	1.45	1.38	1.10
	蛋氨酸+胱氨酸（%）	0.78	0.76	0.68	0.66
	钙（%）	0.90	0.93	0.87	0.87
	磷（%）	0.75	0.75	0.74	0.72

注：添加剂包括多种维生素、微量元素、磷酸氢钙、磷酸钙、氨基酸、抗生素、酶制剂、酸味剂和调味剂等。

表 5-11 28日龄断奶小猪饲料配方

配方编号	1	2	3	4	5
玉 米	61.30	57.30	52.30	47.30	60.27
豆 粕	24.00	24.80	24.80	24.80	13.00
膨化大豆	—	—	—	—	7.00
鱼粉(进口)	8.50	6.00	6.00	6.00	4.50
乳清粉	—	5.00	10.00	15.00	—
奶 粉	—	—	—	—	5.00
菜籽油	—	—	—	—	2.00
菜籽粕	—	—	—	—	3.00
棕榈油	3.00	3.00	3.00	3.00	—
柠檬酸	1.00	1.00	1.00	1.00	—
磷酸氢钙	0.90	0.90	0.90	0.90	1.00
碳酸钙	—	—	—	—	0.60
多种维生素	—	—	—	—	0.80
氯化胆碱	—	—	—	—	0.10
石 粉	—	0.70	0.70	0.70	—
食 盐	0.30	0.30	0.30	0.30	0.10
微量元素	—	—	—	—	2.00
抗生素	—	—	—	—	0.02(喹乙醇)
香味剂	—	—	—	—	0.01
甜味剂	—	—	—	—	0.10
碳酸氢钠	—	—	—	—	0.50
预混饲料	1.00	1.00	1.00	1.00	—
合 计	100.00	100.00	100.00	100.00	100.00

（左侧纵排标题：饲料配合比例（%））

配方编号		1	2	3	4	5
营养成分	消化能(兆焦/千克)	13.40	13.40	13.40	13.30	13.92
	粗蛋白质(%)	20.50	20.30	20.20	20.30	19.30
	钙(%)	0.89	0.88	0.89	0.89	0.81
	有效磷(%)	0.48	0.46	0.48	0.49	0.45
	赖氨酸(%)	1.25	1.20	1.20	1.20	1.35

(五)断奶小猪的原圈培育

小猪断奶后的 1～3 周内,由于生活条件的突然改变,往往表现精神焦躁不安,食欲不振,体重减轻或者患病。尤其是哺乳期内开食较晚、吃补料较少的小猪,断奶后上述表现更为明显。因此,此时期是一个非常的关键时期。

断奶小猪原圈培育是帮助小猪安全度过这一时期比较有效的办法之一。此方法是在小猪断奶时,将母猪赶走,小猪仍留在原圈饲养。如此可做到小猪饲养管理"四不变",即做到圈舍环境不变,原窝原群不变,补料不变和饲养人员及管理方法不变,以减少影响小猪的应激因素。

1. 圈舍环境不变 小猪断奶后 1～3 天内很不安定,经常嘶叫和寻找母猪,夜间尤甚。采取原圈饲养,使小猪原来熟悉的休息、饮食和排泄诸环境不改变,可减少应激发生。如果需要调换圈舍,应在断奶前半个月随母猪一起进行或断奶半月后进行。

2. 原窝原群不变 小猪断奶后不并窝、不混群,保持原来群体的大小,防止断奶小猪由于并窝、混群造成争斗和咬架,使小猪和平共处,度过断奶期。

3. 补料不变 小猪断奶后还让其吃原来哺乳期的补料,一般维持10～15天后再按断奶猪的营养需要更换饲料。避免突然改变饲料,降低食欲,引起消化障碍,影响小猪的生长发育。

4. 饲养人员及管理方法不变 原来饲喂母猪的饲养人员了解母猪和小猪的习性特点,应继续让其饲喂断奶小猪,保证小猪按时吃料和饮水,这样还可及时发现得病的小猪,做到及时治疗。

总之,实行断奶小猪"四不变",使小猪在断奶时的应激降低到最小,做到正常生长发育,避免僵猪和死亡现象发生。实践证明,利用原圈培育方法,可提高小猪断奶成活率10％～20％,保持断奶前的增重速度,是猪快速肥育的一项新技术。

(六)断奶小猪的网床培育

1. 网床培育的优点 在规模化养猪场,小猪断奶后直接转入封闭式幼猪培育(培养)舍的网床上饲养。网床饲养断奶小猪可明显改善生活条件,尤其是卫生条件。使小猪与地面脱离,减少与粪尿接触时间和细菌污染的机会。因而,为小猪提供了一个较理想的生活环境,使断奶小猪少得病,体质健壮,生长快,生长发育整齐,可大大地提高小猪的断奶成活率和饲料利用率。据300窝断奶小猪网床饲养试验结果证明,小猪在68日龄平均个体重达22.9千克,35～68日龄期间的平均日增重达432克,断奶成活率达97％。在相同环境温度和饲养水平条件下,网床上饲养的比砖地面上饲养的断奶小猪平均日增重提高 6%左右。所以,网床饲养断奶小猪是解决由断奶带来一系列问题的有效手段之一,可大大地提高养猪的经济效益(表 5-12)。

表 5-12　小猪网床饲养与地面饲养效果比较

项　目	春　季		夏　季		秋　季		冬　季	
	A组	B组	A组	B组	A组	B组	A组	B组
小猪断奶日龄(天)	28		28		28		28	
小猪头数(头)	30		30		30		30	
试验天数(天)	2月10日至3月12日		5月10日至6月9日		7月10日至8月9日		11月10日至12月9日	
试验期平均日增重(克)	490	550	510	610	460	560	450	540
发病情况 腹泻(头)	11	4	8	2	13	8	17	11
发热(头)	8	2	1	0	6	4	8	5
死亡(头)	2	0	0	0	3	1	2	1
保育成活率(%)	93.33	100.00	100.00	100.00	90.00	96.67	93.33	96.67

注:资料来源于《中国猪业》杂志 2013 年第 1 期。A组地面,B组网床。

2. 网床制作及配套设施　网床是用直径 6.5 毫米的圆钢筋焊接而成。床面钢筋间距为 10~12 毫米,网床面长 240 厘米、宽 165 厘米,围栏高 60 厘米,钢筋间距 5 厘米。网床底距地面 30~40 厘米高(图 5-1)。每个网床内设 1 个自动采食箱和 1 个自动饮水器水嘴。1 个网床可饲养断奶小猪 10~14

头。网床放在专门用于培育小猪的封闭式猪舍内,舍内温度不低于 18℃。

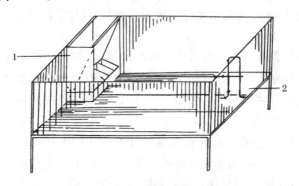

图 5-1　断奶小猪培育网床

1. 饲料箱　2. 自动饮水器

3. 饲料及饲养方法　断奶后的小猪转入保育舍,继续饲喂哺乳期的饲料。该料的粗蛋白质水平一般为 20%～22%,消化能值为 13～14 兆焦/千克。50 日龄后,饲料粗蛋白质水平降到 18% 左右。整个培育期间均为自由采食,自由饮水。网床饲养一定要加强小猪的疫病管理,做到早发现、早隔离、早治疗。小猪 70 日龄(体重 25～30 千克)时下网,转群到生长肥育猪舍饲养。待小猪下网后,要对保育舍及网床进行全面消毒,再饲养下一批断奶小猪。

(七)小猪早期断奶隔离饲养技术

小猪早期断奶隔离饲养技术,是美国于 1993 年后开始试行的一种新的饲养小猪的方法。英文缩写为 SEW。

1. 小猪早期断奶隔离饲养技术的实质内容　该方法是将小猪在受到初乳抗体保护,尚未受到病原菌感染期间就断奶离开感染源(母猪)。根据猪群本身需解除的疾病,在 10～20 天断奶,一般 14～18 天为宜。断奶后把小猪移入无病原菌的环境中,在隔离条件下保育饲养,以提高猪群的健康水平和生产效率。

保育小猪舍要与母猪舍分离开,隔离距离至少为 250 米。据资料介绍,早期断奶隔离饲养技术是控制和根除某些传染病最有效和最经济的饲养技术,可以清除和控制严重危害养猪业的 10 余种疾病。

2. 小猪早期断奶隔离饲养技术要求 ①母猪分娩前应按常规程序进行有关疾病的免疫接种,小猪出生后必须吃到初乳,并按常规程序进行疫(菌)苗免疫接种。②隔离饲养小猪的保育舍要与母猪舍以及分娩猪舍分离开。③保育舍要进行彻底清洁和消毒。④保育舍实行全进全出的饲养制度。⑤为隔离饲养的小猪配制营养全价的乳猪配合料,保证小猪对营养物质的消化和吸收。⑥在正常情况下,实行早期断奶隔离饲养技术的小猪,出生后 10 周龄时,体重应达到 30 千克左右。

3. 小猪早期断奶隔离饲养的方法

(1)小猪早期断奶日龄的确定 小猪断奶日龄主要依饲养场的饲养管理技术水平,以及所需消灭的疾病而确定。如果饲养场有很好地控制环境和配制全价早期断奶小猪料的技术水平,断奶日龄可提前。但在一般情况下,小猪以 14～18 日龄断奶为好。

(2)早期断奶隔离饲养小猪的饲料 小猪采用早期断奶隔离饲养方法,对提供的饲料质量要求很高。一般为小猪配制 3 个阶段的饲料:第一阶段为开食(教槽料)及断奶后第一周饲料,此阶段饲料中粗蛋白质含量为 20%～22%,赖氨酸

1.38%,消化能 15.4 兆焦/千克;第二阶段的饲料中,粗蛋白质含量为 20%左右,赖氨酸 1.35%,消化能 15.02 兆焦/千克;第三阶段饲料中,粗蛋白质和赖氨酸与第二阶段相同,但消化能降至 14.56 兆焦/千克。

（3）小猪保育舍的饲养管理　对断奶隔离饲养小猪的保育舍要进行彻底的清洁和消毒。其方法是在进小猪前 2 个月,彻底清理舍内的杂物,清洁猪舍内的各个地方和用具,用石灰乳喷白墙壁和地面,并用不同消毒剂彻底清洗消毒 3 次。保育舍实施严格的生物安全措施,出入猪舍人员要严格消毒,每栋隔离舍有单独的工作用具和服装,每次进出隔离舍必须按规定消毒、换工作服和洗手等。被隔离的小猪必须实行全进全出的饲养方法,禁止不同批次的小猪互调或混养。每栏饲养的小猪数以 10 头左右为宜。隔离舍内的温度,在小猪断奶 1 周内应控制在 28℃～30℃,并保持舍内的干燥。

4. 早期断奶隔离饲养的效果　来自广西农垦、广西大学和深圳等单位的试验证明,早期断奶隔离饲养对小猪的生长发育和肥育、疾病控制等效果较好。

深圳农牧实业有限公司将试验猪分为 A 组（14 日龄断奶）、B 组（21 日龄断奶）进行早期断奶隔离饲养试验。结果是 A 组小猪 14 日龄断奶后,在 14～22 日龄期间日增重仅为 10.9 克;B 组小猪由于还在哺乳,日增重为 140 克。在 22～31 日龄期间,由于 B 组小猪受 21 日龄断奶影响,小猪日增重 A 组高于 B 组。在试验全期 14～60 日龄期间,A 组、B 组小猪的日增重分别为 346 克和 360 克（表 5-13,表 5-14）。

小猪试验期间的腹泻率:A 组有 4 头次小猪发生腹泻,腹泻率为 0.236%;B 组有 9 头次小猪发生腹泻,腹泻率为 0.9%。

广西农垦和广西大学动物科技学院的试验证明,小猪早期断奶隔离饲养技术,能有效地控制和清除疫病,并能提高猪群的健康水平和生产效率,增加经济效益(表5-15)。

表5-13　小猪不同日龄阶段日增重　(单位:克)

组　　别	14～21 日龄	22～31 日龄	32～41 日龄	42～60 日龄	14～60 日龄
A　组 (14日龄断奶)	10.9	190.0	316.0	444.0	346.0
B　组 (21日龄断奶)	140.0	145.0	339.0	485.0	360.0

表5-14　小猪不同日龄阶段采食量、料重比

组　别	项　　目	14～21 日龄	22～31 日龄	32～41 日龄	42～60 日龄
A　组	采食量(千克)	160	356	883	1073
	料重比	—	1.22	1.83	1.56
B　组	采食量(千克)	哺　乳	326	950	1264
	料重比	—	1.43	1.76	1.64

表5-15　13日龄与21日龄断奶在育成期的生长情况

组　　别	试猪 头数	始窝重 (千克)	终窝重 (千克)	平均 窝增重 (千克)	日增重 (克)	料重比
13日龄断奶组	75	29.8	100.7	70.9	709	2.61
21日龄断奶组	75	29.5	94.7	65.2	651	2.86

二、断奶小猪的营养需要量

掌握断奶小猪的营养需要量,对养好断奶小猪十分重要。由于断奶小猪脱离了母乳的营养供应,为保证其正常生长发育,应根据小猪生长阶段对营养的需求优先供给,否则将影响断奶小猪的生长发育。

(一)断奶小猪所需的饲料

根据小猪的生理特点和生长发育的需要,应供给小猪高能量、高蛋白质,富含矿物质和维生素,含低纤维素的适口性好、易消化吸收的优质饲料。小猪阶段(包括哺乳和断奶后保育期间)应充分满足其对各种营养物质的需求,因为此时小猪生长强度大,维持需要低,饲料利用率高(约用肥育猪的 50%饲料就可换回相应的增重)。有经验的养猪者,在此阶段不惜用价格较高的优质鱼粉、乳清粉和奶粉,尽量满足小猪生长发育的需要。这样,不但提高了饲料利用率,而且减少了小猪的发病率和病死率,将极大地提高成活率,能获得最大的经济效益。

1. 高能量饲料 干物质中含淀粉、糖类较多,而蛋白质和粗纤维较少,每千克饲料消化能含量在 10.46 兆焦(2.5兆卡)以上的一般称为能量饲料,消化能含量在 12.55 兆焦(3 兆卡)以上的饲料称为高能量饲料。常用的能量饲料有以下几种。

(1)玉米 在谷物饲料中,玉米所含能量浓度排在首位,每千克玉米含消化能 13.99~14.56 兆焦(3.2~3.5 兆卡),属高能量饲料。玉米含有较多的脂肪,不饱和脂肪酸含量较高,粗蛋白质含量较低。玉米的适口性好,优质玉米口感发甜。

(2)**大米** 其粗纤维含量低,消化能含量为每千克 14.64 兆焦(3.5 兆卡)以上,属高能量饲料。大米的能量比玉米略高,但稻谷的能量比玉米低得多。

(3)**细米糠** 稻谷加工成大米时含有少量碎稻壳的糠为细米糠,其消化能为 13.39 兆焦(3.2 兆卡)左右。细米糠也是猪催肥的优质能量饲料。

(4)**大麦** 其粗纤维含量较多,而无氮浸出物和粗脂肪比玉米低,故消化能含量比玉米低,每千克为 12.34～13.56 兆焦(2.95～3.24 兆卡)。

(5)**植物油和动物脂肪** 质量较好的植物油为玉米油、大豆油、花生油等,而棉籽油、菜籽油、椰子油质量稍差;动物脂肪有牛脂、猪脂、羊脂、鸡油等。油脂是一种高能量饲料,在母猪产前和泌乳阶段饲喂高脂肪饲料,平均每头母猪可多获得 0.4 头小猪。在小猪开食料中加入糖和脂肪既可提高适口性,增加抵抗力,又可提高增重速度。在妊娠母猪和哺乳母猪的日粮中可补加 10%～15% 的脂肪;在小猪开食料中一般可补加 5%～10% 的脂肪。

2. 蛋白质饲料 也叫蛋白质补充料。这类饲料一般具有能量饲料的特性,即干物质中粗纤维含量较低,易消化的有机物质较多,每单位重量所含的消化能较高。其主要特点是干物质中粗蛋白质含量特别高。因此,干物质中蛋白质含量在 20% 以上的豆类、饼粕类、动物性饲料及部分糟渣,都称为蛋白质饲料。

(1)**植物性蛋白质饲料**

①**豆类籽实** 该类饲料的共同特点是蛋白质含量丰富(一般为 20%～40%),而且蛋白质品质在植物性饲料中是最

好的,主要是限制性氨基酸的赖氨酸含量比较高。由于豆类饲料在生的状态下含有一些影响消化吸收的不良物质(如抗胰蛋白酶等),所以在饲喂前,最好经过热处理(加温至110℃,3分钟),使不良物质失去效用。

②饼(粕)类　该类饲料是油类籽实提取油以后的残留物,一般分为饼和粕。以压榨法制油得到的剩余物为饼,以浸提法制油得到的剩余物为粕。饼(粕)类蛋白质的含量和品质,视植物种类籽实质量和制油工艺而定。这类饲料的蛋白质含量一般都在30%以上。有些饼(粕)品质稍差,饲喂时应控制用量。

A. 豆饼。含蛋白质 40%~46%。各种氨基酸含量比较平衡,赖氨酸含量高,是高品质的植物性蛋白质饲料。豆饼以熟喂为好。

B. 花生饼。是我国重要植物性蛋白质饲料来源之一。其粗蛋白质和蛋白质中蛋氨酸的含量与豆饼差不多。花生饼适口性好,味香,猪爱吃,但其赖氨酸含量低于豆饼。因此,在大量使用花生饼作为饲料蛋白质来源时,应注意补加人工合成赖氨酸。另外,花生饼含脂量高,不耐贮存,故宜新鲜使用。

C. 棉仁饼。价格比较便宜。粗蛋白质含量较丰富,与豆饼相似。带壳的是棉籽饼,去壳的为棉仁饼。棉仁饼的蛋白质品质不如豆饼和花生饼,主要是含有棉酚,故种猪喂量不宜过多,在猪的配合饲料中的用量一般不超过 5%。最好在饲喂前进行脱毒处理。常用的脱毒方法有以下 3 种:一是煮沸 1~2 小时,冷却后饲喂;二是在 5%石灰水中浸泡10 小时,或用 1%~2%硫酸亚铁溶液泡 24 小时去毒;三是利用菌种发酵处理脱毒。配制混合日粮时,也可根据棉籽饼中游离棉酚含量按 1：1 的比例加入硫酸亚铁去毒。

D. 菜籽饼。粗蛋白质含量在 30％以上，氨基酸含量较丰富，含硒量比豆饼高得多。但是，菜籽饼含有单宁、芥子苷、皂角糖苷等 9 种有毒有害物质，所以小猪的喂量一般不超过 5％。最好在喂猪前脱毒。菜籽饼脱毒常用的方法有坑埋法、水洗法和微生物脱毒法。

第一，坑埋法。选高燥土地，挖宽 50 厘米、深 70 厘米、长度随菜籽饼量而定的长方形坑，土湿时须晒干。坑底薄薄地铺一层麦秸隔土，将粉碎好的菜籽饼按 1：1 加水拌匀后埋入坑内，离坑口约 10 厘米时铺盖一层厚麦秸隔土，然后覆土约 30 厘米厚。经两个月发酵脱毒后即可喂用。

第二，水洗法。按 1：6 比例将菜籽饼放入清水中，浸泡一天后换水，连续 3 次后即可喂用；或按 1：4 比例用温水浸泡，保持水温 40℃左右，夏季泡 1 天，冬季泡 2 天，然后取出用清水冲洗过滤 2 次即可喂用。

第三，利用农业部规划设计研究院生产的菌种发酵处理脱毒。

E. 向日葵饼。带壳榨油后留下的饼含粗蛋白质、粗纤维分别为 20％左右和 30％以上；全部去壳的饼含粗蛋白质、粗纤维分别为 45％以上和 5％左右；部分去壳的饼含粗蛋白质、粗纤维分别为 30％和 20％左右。向日葵饼适口性好，无不良作用，是猪爱吃的蛋白质补充饲料，但由于赖氨酸含量较低，应与其他蛋白质饲料搭配饲喂。小猪饲料中占 5％～10％为宜。

(2)动物性蛋白质饲料　主要有鱼粉、血粉、肉骨粉、血浆蛋白粉、奶粉、脱脂奶粉等。这些饲料的共同特点是含碳水化合物较少，粗纤维含量几乎等于零，蛋白质含量特别高，品质也极佳，而且含有猪最需要的而大多数植物性饲料又最缺乏的赖氨酸；此外，这类饲料的矿物质含量也很高，特别是钙和磷的含量高，比例也平衡。B族维生素含量也较丰富，核黄素含量一般为6～50毫克/千克，维生素B_{12}含量为44～450毫克/千克。

①鱼粉　分为进口鱼粉（来自秘鲁、智利）和国产鱼粉2种，而国产的又分淡鱼粉（含食盐2.5%～4%）和咸鱼粉（含食盐6%～8%）2种。饲喂小猪最好使用进口鱼粉和淡鱼粉，因为进口鱼粉粗蛋白质含量可达50%～70%，消化率较高。含赖氨酸4.9%，蛋氨酸1.84%，含钙3.87%，磷2.76%。

②肉骨粉　由于加工时肉和骨的比例不同，肉骨粉中粗蛋白质含量也不一样。通常肉骨粉含粗蛋白质40%～60%，而且蛋白质品质好，含有较多的赖氨酸，氨基酸含量较平衡。肉骨粉中钙、磷和其他微量元素含量不但多而且比例合适，B族维生素特别是烟酸和维生素B_{12}含量较高。

③血粉　质量较好的血粉粗蛋白质含量高达80%左右，是粗蛋白质含量高的蛋白质饲料之一。用凝血块经高温、压榨、干燥制成的血粉溶解性差，消化率一般为70%左右；直接将血液于真空蒸馏器中干燥制成的血粉溶解性好，消化率可高达95%。血粉中含赖氨酸较多，但缺乏异亮氨酸。血粉的适口性不如鱼粉，小猪的喂量一般控制在2%～3%。

④血浆蛋白粉　是早期断奶小猪饲粮的优质蛋白质来源。它含有多种功能蛋白、白蛋白、营养结合蛋白、免疫球蛋白等。小猪采食后可提高免疫抗病能力，减少下痢等疾病的发生。它适口性好，营养价值高，含粗蛋白质70%～78%，赖氨酸6.1%～6.8%，蛋氨酸0.53%～0.75%。以5%～6%的血浆蛋白粉代替脱脂奶粉或乳清粉，可显著提高早期断奶小猪的采食量、日增重和饲料利用率。

⑤奶粉　奶粉(乳粉)可分为全脂奶粉和脱脂奶粉。全脂奶粉除铁、铜含量较低外,其他营养成分含量较全,是小猪早期很好的饲料;脱脂奶粉除脂肪和脂溶性维生素较低,其他营养素均高于全脂奶粉。全脂奶粉粗蛋白质为28%左右,赖氨酸2.28%左右;脱脂奶粉的粗蛋白质为34%左右,赖氨酸2.68%左右。

3. 矿物质饲料　猪采食的饲料主要是植物性饲料,而植物性饲料中所含的矿物质不论在数量还是比例上,均与猪的需要量不相适应,故必须给予额外补充。而矿物质饲料中小猪最需要补充的是钙、磷、钠、氯、铜、铁和硒等。

(1)钙、磷　是猪体中骨骼和牙齿的主要组成成分,参与神经、肌肉组织的正常活动,在维持酸碱平衡,构成核酸、磷脂及其他辅酶方面起重要作用。钙、磷缺乏就会出现骨骼疾病,如佝偻病、骨软症和骨质疏松及后肢瘫痪等症状。在猪日粮中常出现钙、磷缺乏,故应给予补充。在饲养过程中,可根据日粮具体情况选用适当的钙、磷补充料。常用的有骨粉、贝壳粉、蛋壳粉、石粉、磷酸钙和磷酸氢钙等。

(2)钠、氯　补充钠和氯主要是喂给食盐,喂量一般占日粮的0.3%～0.5%,可满足猪的需要。钠、氯在维持体液渗透压、酸碱平衡,调节体液容量,维持正常肌肉、神经兴奋和参与神经组织冲动的传递方面起重要作用。日粮中缺乏钠、氯会影响猪的食欲,使猪生长缓慢,造成饲料利用率低。但也应注意,在猪的日粮中,食盐的补充绝对不能过量,过多会造成食盐中毒。

(3)铜　有催化血红蛋白和红细胞形成的作用,与造血过程密切相关,与许多酶(如细胞色素氧化酶、过氧化氢酶、赖氨酸氧化酶等)的活性有关。铜还与生长有关,日粮中添加适量铜有促生长作用,尤其对小猪更加有效。小猪缺铜会像缺铁一样发生贫血病,进而影响小猪的生长发育。缺铜的地区可在猪饲料中添补硫酸铜,每吨饲料中补加 25~100 克即可。

(4)铁　铁是构成血红蛋白、肌红蛋白的重要成分,也是细胞色素、细胞色素氧化酶等多种氧化酶的成分,还是氧的载体,保证机体组织内氧的运输。新生小猪体内铁的储存很少,故应注意补充,否则会出现缺铁症。补铁的方法和用量,见本书第四章"哺乳小猪的护理"。

(5)硒　参与辅酶 A、辅酶 Q 的合成。硒与维生素 E 具有相似的抗氧化作用,缺硒可造成肌肉营养不良,出现白肌病、水肿等病症,长期缺硒可影响猪的生长和繁殖。如果较长时间使用缺硒饲料,应在每千克日粮中添加亚硒酸钠 0.1~0.2 毫克。

4. 维生素　它是属于维持正常生理功能所必需的有机化合物。机体对维生素的需要量极少,但其功能很大,主要是对机体的代谢起调节作用。缺少哪一种维生素,都会使机体生理功能失调,故维生素是维持生命的营养要素。维生素分为脂溶性和水溶性 2 类。脂溶性维生素主要是维生素 A、维生素 D、维生素 E 和维生素 K 等;水溶性维生素主要是 B 族维生素和维生素 C。脂溶性维生素能在体内储存,短期饲料供给不足对猪的生长和健康不会造成不良影响,但不能长期缺乏;水溶性维生素在体内几乎不能储存,必须随时从饲料中供给,短时期缺乏就会降低机体内一些酶的活性,阻抑相应的代谢过程,影响猪的生产性能和生长发育,出现维生素缺乏症。

随着规模化、集约化养猪业的发展,像以前传统饲养方式常年不断地给猪提供富含维生素的青绿多汁饲料已是不可能;加之猪的生长速度加快、肥育期限短,单位时间内对包括维生素在内的各种营养物质需要量大大地增加,所以需要额外添加各种维生素,以满足猪的营养需求。目前,配(混)合饲料中常添加的维生素为复合维生素成品,添加量按产品说明执行。

(二)断奶小猪的营养需要量及饲料配方

1. 营养需要量 见第四章表 4-8 中体重 10~20 千克小猪营养需要量。

2. 饲料配方 见表 5-16。

表 5-16 断奶小猪典型饲料配方

配方编号		1	2	3	4	5	6	7	8	9
饲料配合比例(%)	玉 米	26.0	59.0	53.0	40.0	56.0	40.0	59.0	53.0	56.0
	大 麦	—	—	8.0	20.0	10.0	29.5	—	8.0	10.0
	次面粉	—	—	—	10.0	—	—	—	—	—
	高 粱	—	7.0	13.0	—	—	—	7.0	12.0	—
	麸 皮	26.0	5.0	—	—	6.0	10.0	5.0	—	6.0
	豆 饼	—	25.0	15.0	12.0	17.0	10.0	25.0	15.0	17.0
	花生饼	18.0	—	—	—	—	—	—	—	—
	棉籽饼	—	—	—	6.0	—	—	—	—	—
	菜籽饼	—	—	—	—	5.0	—	—	—	5.0
	稻谷粉	20.0	—	—	—	—	—	—	—	—
	米糠饼	—	—	—	5.0	—	—	—	—	—
	鱼 粉	8.0	3.0	10.0	5.5	5.0	9.0	3.0	10.0	5.0
	骨 粉	1.5	0.5	0.5	1.0	0.5	1.0	0.5	1.5	0.5
	食 盐	0.5	0.5	0.5	0.5	0.5	0.5	0.5	0.5	0.5
	合 计	100	100	100	100	100	100	100	100	100

配方编号		1	2	3	4	5	6	7	8	9
营养成分	消化能 (兆焦/千克)	12.93	13.56	13.56	13.68	13.72	13.22	13.56	13.56	13.72
	粗蛋白质 (%)	20.00	17.70	19.20	18.10	18.70	17.90	17.70	19.20	18.70
营养成分	粗纤维(%)	5.30	2.90	2.70	2.80	3.50	3.30	2.90	2.70	3.50
	钙(%)	0.89	0.46	0.87	0.94	0.45	1.12	0.46	0.87	0.45
	磷(%)	0.87	0.41	0.93	0.69	0.51	0.78	0.41	0.93	0.51
	赖氨酸(%)	0.88	0.90	0.96	0.80	1.03	0.85	0.90	0.96	1.03
	蛋氨酸＋ 胱氨酸(%)	0.60	0.62	0.43	0.44	0.53	0.49	0.62	0.43	0.53

(三)断奶小猪的饲料配合

1. 饲料配合意义 根据猪各生产阶段和生产性能对营养物质的需要,合理地利用各类饲料是科学养猪的重要环节。猪的科学饲养应该是既要充分发挥各种营养物质的作用和猪的生产潜力,又要符合经济生产的规律和原则。猪饲料种类很多,所含营养成分各不相同。依猪的生产阶段和生产性能,没有一种单一的饲料能够满足猪的全面营养需要。如玉米含有较高的能量,但蛋白质含量不足;鱼粉和豆饼含有较高的能量和蛋白质,但是来源缺乏且价格昂贵,成本高;青饲料营养较全面,但水分含量高,不易贮存,大量饲喂经济价值不一定高;棉仁饼、菜籽饼含有较高的蛋白质,但也含有棉酚和芥子苷等有毒物质。所以,使用单一饲料喂猪必然导致猪的营养不全面,并直接影响猪的生产,降低饲料利用率,增加饲养成本,减少经济收入。故必须提倡用配合(混合)饲料喂猪,使饲料之间营养互补,增加适口性,减少猪的发病率,以提高生产性能和效益。

2. 饲料配合原则　饲料配合是根据猪的不同生长阶段和生产阶段的营养需要,把多种类的饲料按一定比例配合在一起。这样,既发挥了饲料营养物质互补作用,也充分发挥了猪的生产潜力。饲料配合的主要原则:一是饲料必须根据猪的生长和生产阶段配合;二是饲料配合要多样化,以发挥营养互补作用;三是要因地制宜,尽量使用本地饲料以降低饲养成本;四是必须考虑饲料品质,配制的饲料适口性要好;五是含有有毒成分的饲料在配合料中的比例不宜过大;六是微量元素、药物等添加剂应按说明添加,并一定要搅拌均匀,防止中毒;七是小猪的配合饲料除饲料品质、适口性好外,粗纤维含量一定要少。

3. 饲料配合方法　常用试差法(百分比法)。这种方法是比较简单方便的一种调整平衡法,但需要有较丰富的实践经验。具体做法:首先确定配合饲料的各种原料所占的大致百分数,然后从饲料营养价值表中查出所配合的各种饲料的营养成分,再用该成分值乘以原料的百分数,最后把同一类(如消化能值)的各种原料的乘积相加,再与饲养标准规定的营养需要量对照比较,如两值相差太多,应调整原料的百分数,使其达到相符或接近。

例如,制定1个适合体重10～20千克小猪的饲料配方,步骤如下。

第一步,确定所用饲料,并查出养分含量,列表5-17。

第二步,从饲养标准中查出小猪每千克饲料养分含量,列表5-18。

表 5-17 所用饲料养分含量

饲料名称	消化能 （兆焦/千克）	粗蛋白质 （％）	钙 （％）	磷 （％）
玉　米	14.39	8.90	0.02	0.27
大　麦	12.64	11.00	0.09	0.33
小麦麸	9.37	15.70	0.11	0.92
豆　饼	13.51	40.90	0.30	0.49
鱼　粉	12.47	62.80	3.87	2.76
贝壳粉	—	—	32.60	—

表 5-18 每千克饲料养分含量

体　重 （10～20千克）	消化能 （兆焦/千克）	粗蛋白质 （％）	钙 （％）	磷 （％）
饲料养分含量(%)	13.85	19.00	0.64	0.54

第三步,确定各种饲料的大致配合比例及各种营养成分的计算值,列于表 5-19。

表 5-19 饲料配合比及营养成分值

饲料 名称	配比 （％）	消化能 （兆焦/千克）	粗蛋白质 （％）	钙 （％）	磷 （％）
玉　米	57	8.203 (14.39×0.57)	5.037 (8.9×0.57)	0.011 (0.02×0.57)	0.154 (0.27×0.57)
大　麦	12	1.567 (12.64×0.12)	1.320 (11×0.12)	0.011 (0.09×0.12)	0.040 (0.33×0.12)

饲料 名称	配比 （%）	消化能 （兆焦/千克）	粗蛋白质 （%）	钙 （%）	磷 （%）
麦　麸	5	0.469 (9.37×0.05)	0.785 (15.7×0.05)	0.006 (0.11×0.05)	0.046 (0.92×0.05)
豆　饼	15	2.027 (13.51×0.15)	6.135 (40.9×0.15)	0.045 (0.3×0.15)	0.074 (0.49×0.15)
鱼　粉	10	1.247 (12.47×0.1)	6.280 (62.8×0.1)	0.387 (3.87×0.1)	0.276 (2.76×0.1)
贝壳粉	0.5	—	—	0.163 (32.6×0.005)	—
食　盐	0.5				
合　计	100	13.51	19.56	0.621	0.59
标准值	—	13.85	19.00	0.64	0.54
相差值	—	−0.34	+0.56	−0.02	+0.05

从上面的平衡表看，消化能、钙分别低 0.34 兆焦和
0.02，而蛋白质、磷分别高 0.56 和 0.05。可以不再做大的调
整，只需将玉米的配比增加 2 个百分点，豆饼的配比减少 2 个
百分点，即可（表 5-20）。

表 5-20　调整后的饲料配合比及营养成分值

饲料 名称	配比 （%）	消化能 （兆焦/千克）	粗蛋白质 （%）	钙 （%）	磷 （%）
玉　米	59	8.490 (14.39×0.59)	5.251 (8.9×0.59)	0.012 (0.02×0.59)	0.159 (0.27×0.59)

饲料名称	配比 (%)	消化能 (兆焦/千克)	粗蛋白质 (%)	钙 (%)	磷 (%)
大 麦	12	1.460 (12.18×0.12)	1.260 (10.5×0.12)	0.004 (0.03×0.12)	0.036 (0.3×0.12)
麦 麸	5	0.530 (10.59×0.05)	0.680 (13.5×0.05)	0.011 (0.22×0.05)	0.055 (1.09×0.05)
豆 饼	13	1.756 (13.51×0.13)	5.317 (40.9×0.13)	0.039 (0.3×0.13)	0.064 (0.49×0.13)
鱼 粉	10	1.240 (12.43×0.1)	6.510 (65.1×0.1)	0.511 (5.11×0.1)	0.288 (2.88×0.1)
贝壳粉	0.5	—	—	0.163 (32.6×0.005)	—
食 盐	0.5	—	—	—	—
合 计	100	13.48	19.02	0.74	0.60
标准值	—	13.85	19.00	0.64	0.54
相差值	—	−0.37	+0.02	+0.10	+0.06

三、断奶小猪的饲养管理

(一)选择好饲喂方法

小猪的饲喂方法一般分自由采食和限量饲喂两种方式。自由采食(即不限量饲喂,吃多少给多少,想什么时间吃就什么时间吃)一般多用于规模化、集约化生产单位;限量饲喂(即按顿定时、定量、定质饲喂)多适用于农户养猪。自由采食需有一定的条件设备,最主要的是自动饲喂食槽和自动饮水器等。由于小猪消化功能不完善,胃肠容积小,而且新陈代谢旺盛,吃得少,消化快,容易饥饿,所以自由采食饲喂法更适合小猪的生理需要。

1. 自由采食

(1)自由采食的优点　①由于小猪不断采食,可以充分发挥其生长潜力,提高日增重;②无论小猪什么时间饥饿都可及时吃到饲料,减少了拥挤抢饲料现象,从而可大大地提高饲养密度;③由于不需按顿饲喂,减少了工序,节省了劳动力;④在猪群较大时,身体弱小的小猪也能吃到饲料并吃饱,减少落脚猪的出现,使猪群生长发育整齐。

(2)自由采食的缺点　①如果自由采(补)食槽设计制造不合理,就会使饲料撒落到地上,造成饲料浪费,增加饲养成本;②需要一定的饲养设备条件,如自动采食箱(槽)和自动饮水器等;③由于自由采食需要食槽中常有饲料,为了避免饲料变质和发酵,只能采用干粉饲料和颗粒饲料。这样,必须不间断地供给清洁的饮水。

(3)自由采食的饲喂方法　如果采用自动采食箱(槽)饲喂,可把1天或几天的饲料放入箱内,让猪自由采食,不加限制。饲料放入箱中的量,应视箱的大小、猪数多少、天气潮湿情况而定。如果没有自动采食箱,可在一般的食槽内加料,但每次加料量不能太多,要少添勤添,既保持食槽内经常有饲料,又不能每次添加饲料过多,以免造成饲料浪费。

2. 限量饲喂

(1)限量饲喂的优点　小猪吃多少给多少,减少了剩料,可避免饲料浪费,还可以利用部分优质青绿多汁饲料。

（2）限量饲喂的缺点　　由于饲养技术水平不一样，掌握猪的生长需要量有一定困难，往往造成限制猪的生长潜力发挥；在猪群较大时，可能出现强欺弱现象，使体弱的猪吃不饱，影响猪群发育的整齐度，甚至会出现落脚猪或僵猪；猪限量饲喂比自由采食饲喂生长速度慢，费时费工，加大成本。

（3）限量饲喂的方法　　是将饲料限制在一定的数量范围内，分次（顿）饲喂。一般采取定时、定量、定质的方法。定时就是每天按固定时间饲喂，每天最好饲喂 5 次以上；定量就是固定每天、每次饲料的喂量，给量稳定，不能时多时少，按小猪生长需要逐渐增加喂量；定质就是要求饲料的种类和品质要稳定，即饲料的种类不应变动太大，应有计划地逐步增减，并应确保饲料卫生、无毒，严禁用霉烂变质饲料喂猪。

（4）限量饲喂的次数　　饲喂次数应根据猪的生理特点，猪的大小，饲料的种类、质量和环境条件等确定。猪越小其胃肠容积越小，而且每次吃的饲料也不能太多，加之机体代谢又非常旺盛，饲料在胃内停留的时间较短，易饥饿。所以，要多喂几次。饲喂的次数还应根据饲料的种类而定。假如用高能高蛋白质的精饲料喂小猪，可延长小猪对饲料的消化、吸收时间，同时也能满足营养需要，故可适当延长饲喂时间和减少饲喂次数，但每天最少也不应低于 5 次。

（二）做好饲料调制

科学地调制饲料，对于提高饲料利用率，降低生产成本有重要意义。饲料调制的目的是缩小饲料的体积，增加饲料适口性，有利于饲料的消化、吸收，提高饲料利用率。青绿饲料多经切碎、打浆后与精饲料混合一起饲喂；精饲料粉碎后干粉饲喂、湿拌饲喂和加工成颗粒饲料饲喂。

1. 青绿饲料调制 在精饲料比较缺乏而青绿饲料较丰富的地区,可以适当地应用青绿饲料喂猪。将精饲料、青饲料合理搭配,以青绿饲料代替部分精饲料。一般精饲料、青饲料的比例以 1∶1 较好。青饲料喂猪应选择营养价值高的品种,如黄河流域及其以北地区的苜蓿草、籽粒苋,长江流域及其以南地区的各种绿肥草,温带地区的红、白三叶草等。

2. 精饲料调制 一般调制成水稀饲料、湿(潮)拌饲料、干粉饲料和颗粒饲料。这 4 种饲料的调制都是在混合饲料或配合饲料基础上进行的。

(1)水稀饲料 料与水的比例一般为 1∶2～4。这种方法多适用于农村一家一户养猪。由于水的比例不一样,又分为稠饲料和稀饲料。实践证明,稠饲料喂猪比稀饲料好。

(2)干粉饲料 将饲料粉碎后按一定比例混合或配合,呈干粉状饲喂。猪吃干粉饲料无论是日增重还是饲料利用率均比水稀饲料效果好。体重 30 千克以下的小猪,饲料粉碎细度以颗粒直径为 0.5～1 毫米为宜,过细不利于吞咽,影响食欲。

(3)湿(潮)拌饲料 料与水的比例为 1∶1～1.5。这种方法介于水稀饲料和干粉饲料之间,干物质的含量比水稀饲料多,而又不像干粉饲料那样难于吞咽,猪吃得快,吃得多,相对生长快。

(4)颗粒饲料 用颗粒机将配合好的饲料加水挤压制成颗粒饲料。小猪的颗粒饲料颗粒大小一般为 3～5 毫米粗、5～10 毫米长。颗粒饲料的优点是便于投食、损耗少、易于保存、不易发霉。试验证明,颗粒饲料在猪的增重和饲料利用率方面都优于干粉饲料,吃颗粒饲料的猪每千克增重的饲料消耗比干粉料降低0.2千克左右。但必须投入资金购买制粒机,在喂猪时必须供给充足的清洁饮水。

我国农村养猪习惯将饲料煮熟后喂给。该法除对一些豆类及其饼类、薯类等饲料有一定好处外,对大量的谷物饲料无益处。大部分饲料煮熟后不但降低营养价值,造成饲料浪费,而且使用大量燃料,浪费能源,增加饲养成本。青绿饲料煮熟时,由于方法不当,往往造成亚硝酸盐中毒。随着养猪生产的不断发展,尤其是商品养猪的大力发展,专业化、规模化养猪场大量出现,饲喂方法也发生了很大的变化,生饲料喂猪逐渐代替了传统的熟食喂猪。生饲料喂猪的优点:一是能节省燃料或能源,降低饲养成本;二是可减少劳动力投入,提高劳动生产率;三是可避免由于加热使饲料部分营养成分遭到破坏;四是可提高饲料利用率;五是青饲料生喂,可减少由于焖煮引起的亚硝酸盐中毒。不同类型的生熟饲料对小猪增重的影响见表5-21,表5-22。

表5-21 不同饲料类型对小猪增重的影响

组　　别	60日龄断奶总头数	平均断奶个体重（千克）	哺乳期日增重（克）
生干料组	333	18.5	309.1
生稀料组	220	15.6	259.7
熟粥料组	597	15.3	255.0

表 5-22　生熟饲料对小猪的影响

组　别	头　数	初生重 （千克）	30 日龄体重 （千克）	60 日龄体重 （千克）	比　较 （％）
生饲料组	41	0.96	5.48	14.44	134.40
熟饲料组	257	1.03	4.75	10.83	100

注：平均每头小猪每日喂精料 170 克，鲜嫩青草 500 克。

（三）加强和推广补料

1. 补料的好处　在规模化、集约化养猪场，由于采用快速肥育方法，小猪补料问题基本得到解决。但广大农村农户养猪及养猪生产比较落后的地区，还应进一步加强和推广小猪的补料工作。

加强补料的好处有四：一是训练小猪早开食，有利于小猪消化功能的锻炼，为以后的快速生长打下良好的基础；二是可以弥补因母猪泌乳量下降使小猪营养供给不足的缺陷；三是可将饲料转变成乳、乳再转变成体重的 2 次转化变为饲料直接变成体重的 1 次转化，极大地节省了饲料；四是小猪生长快，代谢旺盛，单位增重消耗少，吃补料越多长得越快，而且经济效益高。

在正常饲养情况下（也就是营养得到满足时），60 日龄的断奶猪体重可增加到初生重的 20 倍以上。如果不给小猪补料或补得不好，在小猪以母乳为主的头 1 个月内达不到膘肥体壮，则从第二个月起就会生长发育受阻。原因是由于母猪的泌乳在 21～25 日后开始下降，而小猪的体重在此阶段迅速上升（图 5-2）。所以，单靠母乳的营养已不能满足小猪迅速生长的需要，故必须为小猪补料。群众总结的经验是"一月奶、二月料"，即小猪出生后的第一个月生长主要靠乳汁，以后主要靠补充饲料。因此，给小猪及时补充适合的饲料是培育过程中一项不可缺少的重要工作。

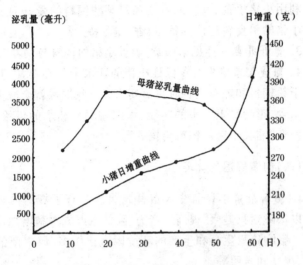

图 5-2　母猪泌乳量与小猪增重图

2. 先做好引食　小猪出生以后是以吮乳为主，如果要求其能够采食较多的饲料，以供生长需要，就必须有一个逐渐适应和习惯采食饲料的过程，这个过程一般称为引食，或者叫诱食。小猪的引食常在出生后 10 天左右进行，早的可在 7 天进行。提早引食可使小猪在母猪的泌乳量下降之前就能学会采食补料，以弥补母乳不足，满足生长发育的需要；提早引食还可以促进消化道的生长发育，逐步完善消化功能。试验证明，小猪从 7 日龄开始补料，到 30 日龄时每头每日采食量可达到235 克；而 14 日开始补料，到 30 日龄时每头每日只能采食180 克。另外，提早引食在一定程度上可减少和预防小猪白痢病。

小猪的引食方法常见的有两种：一种是利用小猪到处寻觅东西(如拱土块、粪便，掘地等)的习惯对其进行引食；另一种是利用小猪争食、抢食的习性和对某些饲料的爱好对其引食。小猪的引食料应该具备甜、香、脆等特点。

3. 抓好旺食　详见第四章"哺乳小猪的饲料与饲养"。

4. 加强饮水的供给　保证小猪的饮水十分必要，尤其是饲喂干粉饲料和颗粒饲料时更需要水。一旦缺水就会减少小猪的采食，影响增重。水的功能、水的需要量和水的供给，详见第四章"哺乳小猪的饲料与饲养"。

(四)创造舒适的环境

1. 影响小猪生存和生长的环境因素　有了舒适的环境就可以保障猪只健康，提高生产力，降低生产成本和增加经济效益。影响猪只生存和生产的环境因素比较多，但主要的有温度、湿度和光照等。

(1)温度　空气温度是影响猪只健康和生产力的重要因素。猪是恒温动物，在一定范围内的各种环境温度下，无论在严寒的冬季，还是酷热的夏季，都能通过自身的调节作用来保持体温的恒定。

①猪的体温调节　在神经系统控制下，猪的体温通过物理形式散发和化学形式增加体内的热量进行调节。当环境温度较低、猪感到寒冷时，通过神经控制增加体内热量和缩小散热面积，保持体温恒定，这是物理性调节；与此同时，猪的采食量增加，代谢作用增强，把饲料中的化学能转变为热能，保持体温恒定，这是化学性调节。

猪的体温调节随环境温度而变化。当环境温度过低时，猪体就加快饲料化学能向热能的转化；当环境温度过高时，猪体就延缓饲料化学能向热能的转化。据测定，体重 10 千克的猪，要求适宜的环境温度是 28℃，如温度下降 1℃，每千克体重要多消耗 0.6 克的饲料。环境温度下降越多，猪体用于保持体温恒定和增重所消耗的饲料也就越多。

②猪的适宜环境温度　猪体的产热与散热是对环境的一种调节的手段。因此，当环境温度适宜时，最容易保持体温正常，猪体产热最少，散热也最少，所摄取的营养物质能够最有效地用于形成产品，饲料的利用也最为经济。

由于猪的品种、年龄、体重、饲养管理方式、个体的适应能力等方面存在的差异，使小猪要求的环境温度也不尽相同。小猪的适宜环境温度：出生后 24 小时为 35℃左右；出生 2～4 日龄为 34℃～30℃；出生 5～8 日龄为 34℃～32℃；出生 9～14 日龄为 32℃～30℃；出生 15～30 日龄为 30℃～28℃。

③空气温度对猪的影响　猪所采食的能量饲料除用于正常活动的消耗外，在有多余的情况下，才用于生产产品。过低和过高的环境温度，都会使猪只的耗料量增加和生产力下降。

A. 气温对增重和饲料利用率的影响。据报道，在气温适宜的情况下，如温度下降 1℃，猪的日增重约减少 17.8 克。当气温由 12℃下降到 1℃时，猪只为达到同样的增重，每天每千克体重要多消耗 1.3 克饲料。由于初生小猪体温调节功能差，皮下脂肪薄，提供热能的体脂和糖原储藏量少，造血功能不全等，所以其抵抗寒冷的能力很差。因此，冻死和压死的死亡率达到总死亡率的 50％以上。

B. 气温对小猪每日耗乳量的影响。气温低则耗乳量大（表 5-23）。

表 5-23　气温与小猪日耗乳量的关系　（单位：毫升）

气温 （℃）	小猪日龄		
	2	4	7
8.3	563	645	854
7.2	585	768	974

C. 气温对猪体内氮代谢的影响。将 2 周龄的小猪分别置于不同气温条件下进行测定，以 25℃～30℃时氮的沉积率最高（表 5-24）。

表 5-24　不同气温下小猪体内氮的代谢

气温 （℃）	氮的消化率 （%）	氮的沉积率 （%）	能量沉积率 （%）
10	86.1	35.4	33.9
15	87.4	36.1	39.0
20	86.6	36.1	40.6
25	88.8	37.5	41.8
30	89.2	42.9	43.3

（2）湿度　空气潮湿的程度，即空气中含有水汽的数量叫空气湿度。

①湿度与猪的体热调节　当空气温度处于适宜范围时，空气湿度对猪的体热调节影响不太显著；在高温环境中，猪体主要靠蒸发散热，如处在高温高湿情况下，因空气湿度大而妨碍了水分蒸发，猪体散热就更为困难。在低温环境中，猪体主要通过辐射、传导和对流方式散热。如处在高湿情况下，因被

毛和皮肤吸收了空气中的水分,提高了导热系数,降低了体表的阻热作用。所以,在低温高湿情况下较低温低湿情况下散发的热量显著增加,使猪感到更冷。总之,无论环境温度偏高或偏低,当湿度过高时对猪的体温调节都不利。

②湿度对猪体的影响　湿度过高或过低对猪的健康和生产力都有不良的影响。

A. 影响猪的生长发育。据在温度相同(12℃～14℃)而空气相对湿度不同(65%～70%,80%～85%)猪舍中的试验,30日龄小猪体重在空气相对湿度高的情况下比在相对湿度低的情况下少2.46千克,增重速度低34.1%。

在干燥、光亮猪舍中饲养的母猪比在潮湿阴暗猪舍中饲养的母猪产仔数提高23.1%,小猪断奶窝重提高18.1%(表5-25)。

表5-25　环境对母猪产仔数和小猪窝重、头数的影响

组　　别	窝　数	产仔头数	60日龄小猪断奶窝重(千克)	60日龄小猪平均断奶头数
干燥光亮环境组	3	10.67	183.50	9.33
潮湿阴暗环境组	3	8.67	155.40	8.00
两组比较(%)	—	+23.10	+18.10	+16.60

据报道,空气相对湿度由45%升高到95%时,猪的日增重下降6%～8%。

B. 影响猪的健康。高湿有利于各种病原微生物的生存和繁殖,小猪副伤寒、小猪下痢、疥癣和其他寄生虫病都很容易蔓延。据报道,大雨过后,空气的日温差在10℃以上、空气相对湿度增加20%左右时,下痢的小猪增加1～8倍。有资料证明,两栋同样的双列封闭式猪舍,1栋猪舍的空气相对湿度为 75%,无 1 头小猪下痢;另 1 栋猪舍的空气相对湿度为 90%,下痢的小猪占小猪总数的 11%。

在高温高湿情况下,易使饲料、垫草发霉变质。在低温低湿情况下,易发生呼吸道疾病、感冒和风湿病等;在低湿高温情况下,空气干燥,水分蒸发快,易使猪的皮肤和外露黏膜干裂。

③猪舍适宜的空气相对湿度　湿度和温度是一对重要的环境因素,不仅互相影响,而且同时作用于猪体。小猪舍中适宜的空气相对湿度为 60%～75%。

（3）光照　适宜的光照无论是对猪只生理功能的调节,还是对保持猪舍的卫生均有重要作用。适度的太阳光照射对猪只有良好的作用。照射可使辐射能变为热能,使皮肤温暖,毛细血管扩张,加速血液循环,促进皮肤的代谢过程。同时,阳光中的紫外线能使皮肤中的 7-脱氢胆固醇变成维生素 D_3,以调节钙、磷的代谢。圈舍被太阳光照射,可抑制部分病毒、病菌的生存和繁殖,减少猪的某些疾病发生的机会。但是,过度的太阳光照射也不利于猪体生理功能的调节。

2. 饲养密度对环境的影响　采取集约方式饲养管理的猪场,由于猪只密度大,相互干扰,进而对猪的繁殖、生长和饲料利用率产生一定的影响。在封闭式猪舍中,如果通风条件差,饲养密度大,猪的呼吸及排泄物的腐败分解,可使空气中的氧气减少,二氧化碳增加,并产生大量的氨、硫化氢和甲烷等有害气体及臭味,对猪的健康和生产力都有不良影响。圈养密度不仅影响猪的群居行为和舍内的小气候,而且也影响猪的生产力。密度过大,可使舍内温度增高,能降低猪的增重速度;密度过小,可使猪的体热散失增加,从而增加饲料用量,降低饲料利用率。

3. 搞好猪舍的取暖保温

(1)暖圈保温　我国北方地区冬季气温低,采用暖圈养猪,对猪的生长、繁殖、肥育和饲料利用率都有良好的作用。暖圈养猪能有效地减少小猪死亡。据北方一些地区试验证明,冬季1月份暖圈内饲养的小猪比其他圈饲养的小猪成活率明显提高(表5-26)。

表5-26　暖圈饲养小猪的成活率

组　别	圈　舍	小猪头数	成活头数	成活率(%)
试验一组	一般圈舍	50	11	22.0
	暖　圈	184	184	100.0
试验二组	一般圈舍	240	20	8.3
	暖　圈	120	110	91.6

断奶小猪的暖圈与非暖圈饲养效果见表5-27。

表5-27　断奶小猪的越冬试验

圈　舍	舍温(℃)		试　验		体重(千克)		平均日增重(克)	每千克增重耗料(千克)
	最高	最低	天数	头数	开始	结束		
暖　圈	5.5	−3.5	68	10	13.6	29.5	230	2.64
敞开圈	5.5	−5.0	68	10	12.1	27.8	230	3.10

暖圈的建造一般采取以下几种形式。

①单列一面坡封闭式猪圈　在敞开式猪圈敞开的一面砌

一短墙,短墙至屋檐之间安上塑料薄膜窗户,夜间或寒冷天气情况下可挂上草帘。在短墙一角留一出入口,在出入口安装木板门帘或自动关闭的门,使小猪可以自由出入(图 5-3)。待天气暖和后将塑料薄膜窗取下保存起来,等到翌年再用。

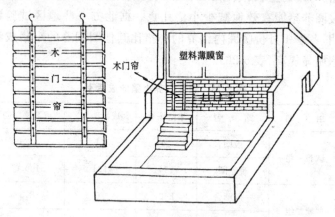

图 5-3　封闭式猪圈

　　②单列一面坡全窗式和半窗式猪圈　把敞开式猪圈两侧的短墙改成斜坡墙,装上窗户框,绷上塑料薄膜即为全窗式猪圈(图 5-4)。半窗式猪圈与全窗式猪圈基本相同,只是积肥坑的一部分换成草帘覆盖(图 5-5)。这样做把整个猪圈的敞开面及运动场全部盖起来了。在夜间气温下降时用草帘盖上。

　　③单列一面坡套圈式猪圈　套圈是在猪圈内墙的一角用砖或土坯砌一个套间,上面可装一活动的门,以便清扫,套间的入口挂上一个木门帘或装一自动关闭的小门。若养小猪挂个麻袋片门帘也可以(图 5-6)。这种套间,体积小,密封得严实,受气温变动的影响不大,昼夜温差小。猪进去后,由于体

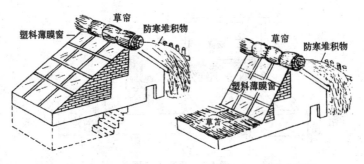

图 5-4　全窗式猪圈　　　　　图 5-5　半窗式猪圈

热的散发,可以很快使圈内的温度升高。据试验证明,在气温 $-10℃$ 的时候,圈内温度为 $-7℃$,而套圈内的温度则为 $3℃$,比圈温高 $10℃$,比气温高 $13℃$。所以,这种套圈特别适合养小猪和病弱猪。

④单列一面坡暖窝式猪圈　暖窝的建造是在敞开式猪圈内的圈炕上砌一挡风短墙,墙下部留有猪的出入口,装上自动关闭的小门,或挂上麻袋片门帘,把编好的柳条笆弯成半圆形,放在短墙的里面,凹面对着猪的出入口。笆的上面加盖,然后将其周围用草塞

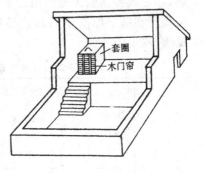

图 5-6　套　圈

严,里面铺上褥草,即成暖窝(图 5-7)。每个猪圈可放 2～3 个暖窝,每个暖窝可养 2～3 头小猪。在暖窝内饲养小猪,生长快,发育好,患病少,死亡率低,是安排小猪安全越冬的好办法。

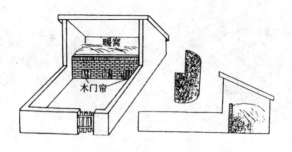

图 5-7　暖窝式猪圈

（2）垫草保温　使用厚垫草对改善猪舍环境条件具有多方面的作用。垫草可保温、防潮和吸收有害气体,有利于保持猪舍清洁,特别是北方地区的农民养猪户用厚垫草养猪是防寒保暖的主要措施之一。垫草可减少猪体向地面传导失热,亦可改善猪躺卧处周围的小气候环境。垫草因种类、干湿程度和铺垫厚度不同其效果不同,各种垫草的保温效果见表 5-28。

表 5-28　几种垫草的保温效果

名　称	厚　度 （厘米）	垫草后猪未躺过的圈舍			垫草后猪已躺过的圈舍		
		圈温 （℃）	0.5厘米 处草温 （℃）	增温 （℃）	圈温 （℃）	0.5厘米 处草温 （℃）	增温 （℃）
苇　草	15	−3.9	−1.5	2.4	−9.4	12.2	21.6
杂　草	15	−3.9	−2.3	1.6	−9.4	13.6	23.0
麦　秸	15	−3.9	−0.8	3.1	−9.4	15.2	24.6
玉米苞皮	15	−3.9	−3.0	0.9	−9.4	13.2	22.6

实践证明,垫草越干燥、柔软,保温效果越好。干燥的草传热慢,增热后热量不易散失;湿草容纳的热量虽多,但散热快。在猪舍水泥或土地面上先铺上1层沙土,再铺垫草有其良好的保温和防潮效果。铺垫草的厚度依具体情况而定,天冷、地面湿度大,可铺得厚一些,猪的日龄和体重小,也应铺得厚一些。垫草以20厘米厚、沙土以3~5厘米厚为宜。有些地方把垫草和沙土混合一起给猪铺垫,比单一铺草的效果还好(表5-29)。

表5-29 混合铺垫与单一铺垫的比较

铺垫物	厚度(厘米)	天气	气温(℃)	舍内温度(℃)	猪刚起卧后		猪起卧后30分钟	
					铺垫物温度(℃)	高于舍温(℃)	铺垫物温度(℃)	高于舍温(℃)
小麦秸	20	晴无风	−8	−3	20	23	9	12
沙土	20	晴无风	−8	−3	18	21	6	9
麦秸与沙土混合	20	晴无风	−8	−3	26	29	11	14

采用厚垫草养猪,必须注意对猪只排放粪尿的训练,让猪把粪尿排到舍外或厚垫草以外,保持厚垫草的干燥清洁,才能取得良好的防寒保暖效果。

(3)其他方法保暖

①红外线灯保暖 在规模化、集约化和电力条件较好的地方,均可采用此法。红外线灯一般为250瓦和120瓦2种。红外线灯下的温度变化如表5-30所示。

表 5-30　红外线灯下的温度变化　（℃）

灯下水平距离（厘米）	250 瓦灯泡距地面高度		120 瓦灯泡距地面高度	
	50（厘米）	40（厘米）	50（厘米）	40（厘米）
0	34	38	19	23
10	30	34	26	28
20	25	21	18	19
30	20	17	17	15
40	18	17	16	14
50	17	17	15	14

②电热保暖箱保暖　用砖或木板制作,呈盒状,在保暖箱的顶部安装电灯,保暖箱底部铺厚垫草,让小猪在保暖箱里生活。

③火炕保暖　火炕建在小猪保育间内的一侧,每两个相邻的猪床合用一个火炕。建法是以中间隔墙为火道,在两侧地下合挖一条深 25 厘米的烟道,上面铺砖,砖上铺 4 厘米厚的草泥即可。为了加强火炕的保暖能力,还可在火炕上建一保暖箱。火炕保暖适用于寒冷的冬天,做法简单,成本低,效果好,可有效地提高养猪效益。

第六章　小猪常见疾病防治

在养猪生产中,除了需加强饲养管理、饲料供应、推广良种外,对疾病防治也应予以高度重视。猪的发病和死亡,大多在小猪阶段。由于小猪体质弱,免疫力低下,对疾病易感性高,抵抗力差,所以,小猪的发病率和死亡率均较成年猪高。因此,必须重视小猪疾病的防治工作。

一、小猪疾病防治原则

(一)加强护理,提高小猪的免疫力

小猪消化系统发育不健全,消化功能弱;免疫器官发育不完善,免疫功能差,抗病力弱。体温调节能力低,体质弱。因此,在寒冷的冬春产仔季节,要特别加强对小猪的护理。一是要做好产房的防寒保暖工作,保证小猪处在最佳环境温度中。小猪的最佳温度见第五章第三节中的"(四)创造舒适的环境";二是要让每头小猪都能吃上初乳,早吃初乳、吃足初乳。因为小猪通过吃初乳可获得母源抗体,提高免疫力。

(二)做好免疫预防工作,提高小猪的抗病力

由于小猪免疫功能差,抗病力弱,所以对小猪一定要加强免疫,按照每个病的免疫程序,按时注射疫(菌)苗。如猪瘟弱毒疫苗,小猪 20 日龄首免,60 日龄进行二免。小猪白痢、黄

痢基因工程菌苗,在母猪分娩前 15～25 天口服免疫,小猪生下后可获得免疫力,增强抗病能力。

(三)严格对猪舍和猪体消毒,消灭环境中的病原体

由于小猪体质弱,抗病力不强,容易受到病原体的侵袭。所以对小猪舍在进猪前和进猪后都要进行彻底清扫和消毒,以减少传染病的发生。对小猪舍的粪便及污物每天要及时清除,放到离猪舍较远的地方堆积发酵处理。同时,对地面、用具、工作服等定期进行消毒。冬季要防寒保暖,夏季要消灭猪舍内的蚊、蝇等吸血节肢动物。

(四)预防小猪代谢病,提高小猪免疫力

小猪常发生一些代谢病,如小猪硒缺乏症、小猪缺铁性贫血等。如不及时补硒和补铁,不仅使小猪抗病力降低,而且易患一些传染病,如小猪黄痢、小猪白痢、小猪红痢等。小猪出生时体内铁的总量为 40～50 毫克,以后每天增长需 7 毫克,到第三周龄开始吃料前,共需 200 毫克,而小猪每天从母乳中只能得到 1 毫克。所以,小猪在 10 日龄时易发生缺铁性贫血。再者,如果母猪在妊娠期或哺乳期饲料营养不全,或较长时间用低硒饲料,可引起小猪缺硒和缺维生素 E 而发生白肌病,尤其是 1～3 月龄或断奶后的育成猪多发。因此,在小猪出生后应进行补硒和补铁。

总之,只有落实好上述 4 项基本准则,才能控制小猪疾病的发生,增强小猪的体质,提高抗病力和成活率,保障小猪健康地成长。

二、常见传染性疾病

(一)猪　瘟

又叫猪霍乱,俗称烂肠瘟。是一种急性、发热、高度接触性传染病。主要通过消化道传染,不分年龄和品种,一年四季均可发生。流行广,传播快,死亡率高,一旦发生猪瘟将给养猪生产造成很大损失。

【主要症状】　猪瘟的潜伏期一般为 3~6 天,但最长可达 20 余天。依据临床症状可分为急性、亚急性和慢性 3 种病型,但实践中一般以亚急性和慢性为多。主要症状为体温升高至 41℃~42℃,且连续多天不下降,使用任何抗生素药物治疗均无效。病猪精神不振,不愿动,常卧地,喜钻入垫草中或呆立于一处。吃料减少或不吃,常感口渴,喜喝脏水,有时出现呕吐现象。病期稍长,则衰弱无力,腰背拱起,头尾下垂,行走摇摆。眼结膜潮红、发炎,眼角常见脓样眼眵。公猪阴茎包皮内积有浑浊、深红色、有沉淀物的恶臭积尿。病初一般排干粪球,以后下痢,排水样恶臭稀粪,有时粪中带血;病程后期在耳后、颈部、腹部和四肢内侧等处皮肤上常见充血疹块,为大小不等的紫红色斑点,用手按压不退色。解剖病死猪,最常见的是肾脏和淋巴结切面或边缘有针尖大小的出血点,尤以膀胱中的出血点在临床上较多见,在回盲肠交界处出现似纽扣状的突起溃疡病变。

【预防措施】　目前,猪瘟尚无特效的治疗方法和药物,主要是做好以下几项预防工作。

第一,坚持春、秋两季的定期防疫或按产仔时间进行防疫,是控制和防止猪瘟病发生的关键性措施。防疫即给猪接种猪瘟疫苗,具体方法见本章第五部分中的"小猪常用疫(菌)苗的使用和保存方法"。

第二,猪瘟多发地区,在小猪哺乳阶段就按免疫程序接种疫苗,待小猪断奶后再免疫接种1次。

第三,在确定已发生猪瘟的猪群中,尽快接种猪瘟疫苗,使未感染的猪只增加免疫力;同时,尽快隔离已感染的病猪,以防止疫情的扩散蔓延。

(二)小猪副伤寒

本病主要由猪霍乱沙门氏菌引起,多发生于断奶后2～4月龄的猪,6月龄以上的猪很少发生。本病的特征为急性型败血症,慢性型为坏死性肠炎。一年四季都可发生,但春、秋季节发病较多。本病主要由消化道感染,小猪吃了被病原菌所污染的饲料、饮水后而发病。在不合理的饲养管理和猪舍阴暗潮湿或猪的营养状况差等条件下,往往造成抵抗力降低,引发该病的流行。本病一般与猪瘟混合感染。

【主要症状】 该病的潜伏期一般为3～30天。病状可分为急性型和慢性型,亚急性型较少见,一般以慢性型最多。

(1)急性型 发病突然,传染迅猛。其特征是发生急性败血症状,病猪体温为41℃～42℃,精神沉郁,不愿行动,停食,拱背,腹泻且粪便恶臭,口渴,喜喝脏水。本病开始发生时,常出现少量猪只死亡,且不显任何症状。但经过2～3日后,病猪体温稍有下降,在肛门、尾巴、后腿等部位污染混有血液的黏稠粪便。病情严重的猪伴有咳嗽和呼吸困难,心脏衰弱,白皮肤猪可以看到耳、颈、四肢、嘴头、尾尖呈蓝紫色。急性病猪很少自行痊愈,死亡率高,不死的猪一般转为慢性。

（2）慢性型　此型最为多见。开始不易发现,病初食欲减退,身体逐渐消瘦,常呈周期性腹泻,粪便常呈淡黄色、淡绿色或墨绿色,有恶臭。病猪长时间腹泻后大便失禁,粪内混有血液和假膜。猪开始发病的 1～3 日有高热,有些病猪高热后又降到常温。皮肤(特别是胸腹部)常有湿疹状丘疹,被毛蓬乱、无光泽,耳尖、嘴头、蹄尖和尾尖呈暗紫色,背腰拱起,后腿软弱无力,叫声嘶哑。强迫其行走时,则东倒西歪。发病后期,往往极度衰弱或并发其他病而死亡。本病的病程一般为数周,死亡率可达 25%～75%。病后恢复健康的猪一般因生长缓慢而成为僵猪。

【预防与治疗】

（1）预防　①加强饲养管理,改善猪的饲养和卫生条件,保证营养需要,保持小猪舍干燥的环境。在小猪断奶时,尽量减少外界环境的刺激。②搞好猪舍和用具的消毒,减少小猪感染机会。③在常发生此病的地区,给小猪接种小猪副伤寒弱毒菌苗 1 次。在多发此病的猪场可进行 2 次免疫,即小猪断奶前后各 1 次,间隔 3～4 周。肌内注射,按瓶签标明的头份数,用 20%氢氧化铝胶悬液稀释,每头猪 1 毫升,稀释液限 4 小时内用完。④当发生该病时,要立即将病猪隔离,对死猪的尸体及被污染的粪便要进行深埋和严格消毒。

（2）治疗　小猪副伤寒没有特效的治疗办法,对发病的猪可以试用以下方法。

第一,新霉素,每日每千克体重 5～15 毫克,分 2 次口服。土霉素每千克体重 40 毫克,1 次肌内注射。

第二,口服复方新诺明,每千克体重 70 毫克,首次加倍,每日 2 次,连用 3～7 天。按照三甲氧苄氨嘧啶 0.2 克,磺胺嘧啶 1 克,蒸馏水 10 毫升的配比配成注射液,每千克体重用量为 0.5～1 毫升,静脉或肌内注射,每日 2 次。

第三,生大蒜捣烂,加水少许,每次喂给一小汤匙,每日 2～3 次,连用 4～5 天。

第四,生大蒜 0.5 千克捣烂后加 0.75 千克 95%酒精浸泡 1 个月后用纱布过滤,沉淀一昼夜,将上液再用滤纸过滤,约得原液 0.5 升,然后加等量蒸馏水,即成大蒜酊注射液,分装备用。小猪每头肌内注射 5 毫升。

(三)小猪白痢

本病主要由大肠杆菌引起。表现为肠炎和败血病,多发生于出生后 10～20 天的小猪。在临床上以下痢(乳白色、淡黄绿色或灰白色黏稠的、带有特异腥臭气味的糊状粪便)为特征。

【发病原因】 引起小猪白痢的原因很多,但主要是由于母猪乳汁的品质差,饲养管理不当及季节、温度等环境条件变化而造成。

(1)母猪乳汁的影响 母猪乳汁过浓、乳内脂肪和蛋白质含量较高,可造成小猪消化不良,吃奶后感到口渴而喝污水和尿液,进而引起白痢。也有的由于母猪年老、瘦弱或泌乳不足,造成小猪出生前后营养不足,引起白痢病发生。另外,母猪发生乳房炎时往往引起白痢。

(2)饲养管理失当 母猪吃了霉烂饲料,使乳汁质量变差,可引起小猪白痢;小猪饲料未按其消化生理及营养需要配制,引起消化不良而发生白痢;猪舍地面有污水、粪尿,又无充足的清洁饮水供给时,小猪饮地上污水而发生白痢;猪舍阴暗、潮湿、寒冷及母猪乳头不清洁等都可能引起白痢的发生。

(3)季节变化 小猪白痢一年四季均可发生,但多以严冬、早春和炎热的夏季发病率较高。

【主要症状】 发生白痢的小猪一般体温正常。病初精神尚好,吃奶正常。粪便为乳白色、淡黄绿色或灰白色,呈糊状或条状,有特异的腥臭气味。发病2～3天后,病猪精神变化较大,由于下痢脱水,身体消瘦,食欲减退,行动迟缓,喜钻入垫草中静卧。如若治疗不当,一般经过5～6天后死亡。若转为慢性,以后即使恢复,其生长发育也不好。如不及时改变饲养管理,治愈的小猪常有复发的可能。群众总结的经验认为:由于母猪乳汁过浓引起的白痢,粪便颜色一般为黄白色;由于乳汁过稀过少引起的白痢,粪便多为灰白色,有时颜色不定;由于气候变化引起的白痢,粪便颜色多呈黄绿色,不恶臭;由于喝污水引起的白痢,粪便稀薄、淡褐色,粪中带有气泡及黏液,特别腥臭。

【预防与治疗】

(1)预防 引起小猪白痢病的原因是多方面的,故预防也应采取综合性的措施才能获得好效果。按哺乳母猪的饲养标准为母猪合理地配制饲料,保持饲料品种的稳定。不喂霉烂的饲料,保证母猪和小猪的营养需要量,防止母猪乳汁过浓或过稀;掌握配种季节,避免在过冷过热的天气产仔;保持产圈的清洁卫生、干燥、保暖、防寒,保证有充足的阳光照射时间,在产前要进行严格的圈舍消毒,以使母猪乳头清洁不受细菌的感染;提倡小猪提早补料,逐渐用全价营养饲料满足小猪的需要,尽快使其胃肠得到锻炼;最后,还应注意猪舍的环境卫生,排除污水,及时清除粪尿。

(2)治疗 由于小猪白痢发生的诱因很多,故应对症治疗。

第一,采取综合治疗措施,注意改善饲养管理条件,消除引起发病的诱因。

第二,药物治疗。①2.5%恩诺沙星,每10千克体重1毫升,肌内注射,每日1次,连用3～5天;②磺胺脒,每千克体重0.2克,每日2次口服,连用3～5天;③黄连素片,每次口服0.5～1克,每日2次,连服2～3天;④大蒜酊,肌内注射5毫升。

(四)小猪黄痢

本病主要是由溶血性大肠杆菌引起的。发病猪多为出生后几小时到3天以内的哺乳小猪,发病率、死亡率都比较高。主要表现为粪便黄色稀薄,呈水样,不仔细观察是不易发现的。当1窝中有1头猪发病时,会迅速传染给全窝。据153窝小猪统计,有138窝在1～3天内发病,占总窝数的90.3%。小猪发病后如不及时采取治疗措施,就会造成全窝死亡。

【主要症状】 本病主要为排黄色水样稀便,粪便呈半透明的腥臭黄色液体。随着病情发展,小猪肛门松弛,排粪失禁,很快消瘦、脱水,最后衰竭死亡。

【预防与治疗】

(1)预防 ①加强饲养管理,做好护理工作。对于猪的产房和小猪舍要保持清洁、干燥,产前和进仔前均要进行彻底消毒。母猪产后可用0.1%高锰酸钾溶液清洗乳头及乳房的皮肤。②母猪在产前48小时内用氧氟沙星0.3～0.4毫克/千克体重,肌内注射,每日2次,连用2天。还可用微生态制剂康大宝,调节小猪肠道微生物区系的平衡。最好安排母猪在春、秋干燥季节产仔,可减少本病的发生。③妊娠母猪在分娩前10～20天,耳根部皮下注射大肠杆菌 K_{88}、K_{99} 二价基因工程活菌苗 1 毫升,保护抗体可通过初乳传递给小猪,以预防本病的发生。有条件的猪场,可利用本场分离的致病菌制成灭活菌苗或制成抗血清或经产母猪的血清,进行注射或口服。

(2)治疗 ①发现病小猪应及时隔离和治疗。螺旋霉素 0.5~1 毫升肌内注射,每日 2 次,连用 2 天。②5%碳酸氢钠溶液 10 毫升,5%葡萄糖盐水 10~20 毫升,混合后腹腔注射。③给母猪服用猪痢停 30 克,分 2 次拌料喂服,连用 2 天。也可通过初乳治疗本病。④磺胺类药物口服 0.25 克,每日 3 次,连续 3 天。⑤黄连素口服 0.3 克,每日 3 次,连续 2~3 天。

(五)小猪红痢

本病是由 C 型魏氏梭菌引起的急性传染病。这种病原体时常存在于发病猪场的猪群里,特别是种母猪的肠道中更多些。病原体随粪便排出体外后,污染圈舍、栏杆、垫草和泥土等,新生小猪接触母猪的乳头、被污染的垫草和泥土时,将细菌的芽孢吞进胃肠道而感染发病。红痢病主要使刚刚出生的乳猪感染发病,绝大多数为出生后 1~3 日龄内发病。本病不受品种、气候的影响。

【主要症状】 小猪发病极快,出生后几小时或十几小时就可发病。表现精神不振,不爱吃奶,被毛无光,走路摇晃。发病开始时,体温为 40℃~40.5℃。粪便为红色黏液状。死亡快,从出生到死亡很少超过 3 天。死亡率极高,本病一旦发生,几乎全窝都不能幸免。

【预防与治疗】 小猪红痢病是一种较难治愈的传染病。一是难在病猪不容易及时发现,如果不注意观察,患病小猪都死亡了还不知道什么原因;二是即便发现,采用抗生素或磺胺类药物治疗均无显著效果。

（1）预防　①加强饲养管理，建立严格的卫生防疫制度，搞好猪场的卫生消毒工作。在产前，对产房和小猪舍进行彻底清扫，对地面、用具等进行全面消毒。产前对临产母猪的腹部皮肤及乳头要进行消毒，以防感染小猪。②初产母猪在分娩前30天和15天各肌内注射小猪红痢灭活菌苗5～10毫升。经产母猪如前胎已注射过此苗，可在分娩前15天，肌内注射3～5毫升红痢灭活菌苗，对小猪免疫保护率达100％。据试验证明，进行预防注射的92窝母猪，共产仔778头，均未发病。另外，观察292窝猪，凡注射2次菌苗的母猪产下的小猪均未发病。在发病的32窝中，26窝是未注射菌苗；6窝是因产期已近，注射后几天就产仔了，未能获得免疫功能所致。③母猪产前2天注射长效抗菌剂5～10毫升，每日1次，连用2天。复方碘胺-6-甲氧嘧啶注射液20～30毫升，每日2次，连用2天。小猪出生后可用抗猪红痢血清早期注射，效果很好。小猪吃奶前或以后3天口服氨苄青霉素（氨苄西林）片，效果也很好。

（2）治疗　①小猪出生后吃初乳前，早期用青霉素、链霉素，每千克体重各10万单位，灌服。②强力霉素（多西环素）片剂，每千克体重5～10毫克，口服，每日2次。针剂每千克体重2～5毫克，肌内注射，每日1～2次，连用2～3天。③5％葡萄糖溶液20毫升，庆大霉素8万单位，地塞米松10毫升，硫酸阿托品4毫克，混合静脉注射，每日1次，连用3天。

（六）猪　痘

本病是一种急性、发热接触性、病毒性传染病。其特征是皮肤和黏膜上发生特殊的丘疹和疱疹,发展成脓疱,破裂后结痂。痘症病毒可通过呼吸道、消化道和破损皮肤侵入传染,但也可能由猪虱间接传染。多发生于哺乳和刚刚断奶的小猪,年龄较大或成年猪很少发病。

【主要症状】 猪痘病的潜伏期为 4～7 天。病初期病猪的体温为 41.5℃～41.8℃,食欲减退,行动呆滞,有的结膜发炎。在病猪的腹部、腿的内侧、鼻镜、眼皮等被毛稀少的部位出现红疹,不久变成黑棕色痂皮。病猪有痒感,在围栏、柱、墙等处摩擦,使皮肤破裂而引起继发感染。本病一般呈良性经过,不会造成猪只死亡,但如有其他并发病感染时,也可引起败血症或脓毒血症死亡。整个病程为 20～60 天,总体死亡率不高。

【预防与治疗】 加强小猪的饲养管理,保持猪舍清洁、干燥、卫生,做好除虱、灭蚊蝇工作,定期进行圈舍消毒,并喂给营养丰富、含维生素较多的饲料。发现病猪要及时隔离,对被污染的圈舍、用具用 3% 来苏儿溶液或 2% 火碱(氢氧化钠)溶液彻底消毒。对已患病的猪,不必过多用药。但如果皮肤有化脓或坏死等现象,可采取下列药物治疗:①用 1% 龙胆紫溶液(俗称紫药水)于患部涂抹;②用 5% 碘酊或碘甘油于患处涂抹;③用各类消炎软膏于患处涂抹。

(七)猪水疱疹

本病是一种急性病毒性传染病。病猪和带毒猪是主要传染源,通过污染的饲料、饮水、屠宰下脚料、肉食品垃圾,经消化道而感染健康猪。其特征是在猪体无毛部位的皮肤和口腔黏膜发生水疱,不久破裂形成糜烂,又迅速恢复。不同地区猪群发病率相差很大,高的可达 100%,低的可少于 10%。本病的发生无季节性,对哺乳小猪影响最大,这是因为小猪口腔中生疱后不能吮乳,母猪乳房和乳头上生疱后疼痛不让小猪吮乳,故可造成小猪饥饿、消瘦,并发其他病而死亡。

【主要症状】 病初2～3天病猪发热(40.5℃～41.5℃),精神不振,口流涎,想吃食而又不能吃。口腔出现水疱,色苍白,直径5～10毫米,疱内充满浆液,稍压即破,不久上覆一层纤维蛋白性膜。在初发性水疱破裂后体温下降,2～3天后在蹄冠部、蹄趾部形成继发性水疱,哺乳母猪在乳房及乳头出现水疱。病猪关节肿胀,行走困难。如无感染,继发水疱破裂后就恢复正常。极少数小猪可能发生蹄壳脱落,约需3个月才能重新长出。

【预防与治疗】 目前,对本病还无特效疗法。对已发病的猪应从两方面处理:一方面喂给煮熟、柔软的稀食,给予清洁的饮水,保持圈舍的干燥,不要拥挤;另一方面为控制继发性感染,可考虑使用抗生素预防。由于目前认为本病是直接接触病猪和吃未煮熟的泔水等引起,故切断传染源是主要环节。因此应采取以下措施:一是封锁疫区,限制病猪及其肉产品的流动;二是凡与病猪接触过的运输及饲养用具和圈舍,必须进行彻底消毒;三是凡喂猪的泔水必须煮熟后再喂,不用城市垃圾垫圈,避免传染。

(八)猪流行性腹泻

流行性腹泻是由流行性腹泻病毒引起的一种急性、高度传染性的肠道疾病,该病以急性肠炎、呕吐、水样腹泻和脱水为主要特征。各种日龄的猪均易感,尤其是哺乳小猪,其发病率可达100%,死亡率为30%～80%。

【主要症状】 本病的临床症状与猪传染性胃肠炎、轮状病毒感染导致的腹泻症状很相似,都是以呕吐、腹泻和脱水为特征,但猪流行性腹泻更具明显的季节性,多发生在寒冷的季节。本病与轮状病毒感染的区别是:出生 7 日龄以内的小猪发病较少,腹泻多发生在出生后 13~40 日龄的哺乳小猪和断奶小猪。粪便呈暗黑色或黄白色,较腥臭且呈酸性,持续 2~4 日,如无继发感染,死亡率不高。本病与传染性胃肠炎的区别是:不同年龄的猪都可暴发、感染本病。临床以呕吐、严重腹泻、脱水、酸碱平衡失调以及小猪死亡率高为特征。哺乳小猪典型症状是突然发生呕吐,随后迅速发生剧烈腹泻,粪便呈黄色、淡绿色或灰白色水样,内含未消化的凝乳块,气味腥臭,一般 2~5 日脱水死亡。

【预防措施】 本病目前尚无有效药物治疗,但首先应主要从加强饲养管理和预防控制着手,如做好猪场、猪舍和用具的消毒,切断传染源,保持猪舍的干燥、通风、保温,注意饲养密度,减少猪的应激。其次,制定合理的免疫程序,采用传染性胃肠炎和猪流行性腹泻二联灭活苗或二联弱毒苗进行群体免疫;定期采集血清监测群体抗体水平。再次,对已发病的猪只进行隔离。治疗时以补液为主,在猪的饮水中可加入黄芪多糖以提高免疫力,也可加入电解多维补充相应的维生素。最后在治疗已发病的猪只时,也可使用一定的抗生素,以防止由于腹泻引起的继发感染其他细菌性并发疾病。

(九)猪传染性胃肠炎

本病是由传染性胃肠炎病毒引起的急性传染病,1 周龄以下的哺乳猪死亡率最高。以散发或流行性的形式出现,发病多见于春季产仔季节,传播迅速。

【主要症状】 本病的潜伏期很短。病猪有口渴感,出现呕吐、腹泻。粪便呈白色、黄色或绿色不等,内含未消化的母乳。病情严重者,可迅速脱水、消瘦。病程短的可在48小时之内死亡,长的可延迟5~7日。病后痊愈的猪发育不良、生长迟缓,如果饲养条件差,则形成僵猪。

【预防与治疗】 患过本病的猪可获得免疫力,不再复发;患病母猪的下一窝小猪常可不再得此病,哺乳小猪也可从乳中得到免疫力。

(1)预防 ①坚持自繁自养的原则,严防将本病传入场内。对于猪舍地面、运动场上的粪便及污物要及时清除,同时定期对地面、用具、工作服等进行彻底消毒。②对于已发病的猪场,要立即封锁隔离,限制人员往来。用生石灰、碱性消毒剂对猪舍地面、用具等进行严格消毒。由于犬、猫体内带有本病毒,尤其是犬排出的病毒能感染猪。所以,猪舍严禁犬、猫入内。③预防本病发生,最好进行免疫注射。妊娠母猪产前45天和15天各注射1次猪传染性胃肠炎弱毒疫苗(哈尔滨兽医研究所研制),肌内或鼻内接种1毫升。小猪出生后可从乳汁中获得保护性母源抗体,被动保护率达95%以上。

(2)治疗 ①本病目前尚无有效的治疗方法,只有采取对症治疗。②为预防细菌的继发感染,可用庆大霉素、黄连素、氟哌酸(诺氟沙星)、环丙沙星、恩诺沙星、制菌磺(磺胺间甲氧嘧啶)等进行治疗。为预防脱水和酸中毒,可取氯化钠3.5克,氯化钾1.5克,碳酸氢钠2.5克,葡萄糖20克,水1000毫升,配成溶液,让猪自由饮服。③小猪每头取桂圆壳15克,加水200毫升,煎汁至50毫升左右,去渣候温胃管灌服,或拌料喂服,每日2次,轻者1天,重者2~3天可愈。

(十)小猪水肿病

本病是小猪的一种急性致死性疾病。其特征是突然发病,死亡率高。一般常限于猪群中的 1 窝或几窝发病,不广泛传播。主要发生于断奶小猪,体重 10～30 千克的小猪发病最多。多发生于春、秋季节。小猪出生后发生过黄痢的小猪一般不发生本病。

【主要症状】 病猪患病初期体温为 39℃～40℃。眼睑肿胀,眼结膜高度充血。精神不好,没有食欲。病程一般为1～2 天,较短的仅数小时就死亡。死猪剖检时,最明显的病变是胃大弯部水肿,严重者食管和胃底部也有水肿,水肿部切面流出透明黄色渗出液,一般呈胶冻状。

【预防与治疗】

(1)预防 ①在小猪出生后、吃奶之前,喂给 0.1％高锰酸钾溶液 2～3 毫升,以后隔 5 天让小猪自饮;产后母猪饲料中喂给 500～750 毫克金霉素,约占饲料的 0.2‰。②加强饲养管理,不要突然更换饲料。注意天气变化,防寒保暖,保持舍内清洁干燥。小猪生后 7～10 天补料,在小猪大量吃料期间,每天在饮水中加入少量食醋。在喂高蛋白全价饲料时,一定控制好饲料量。在小猪吃料期间,每隔 5～7 天喂土霉素4～6 片。在缺硒地区,注意补硒和维生素 E。③小猪断奶前7～10 天,用小猪水肿病多价浓缩灭活菌苗 1～2 毫升,肌内注射,有预防作用。

(2)治疗 ①发现病猪时,在饲料中加入盐类泻剂,体重20 千克左右的病猪,每天用硫酸钠或硫酸镁 20 克、大黄末6 克混入饲料中,分 2 次喂服;用 2 天后再按每千克体重内服土霉素盐酸盐 40 毫克,每日 1 次,连服 5 天,治愈率较高。

②用20％磺胺嘧啶钠15～20毫升,50％葡萄糖注射液40～
60毫升,静脉注射。另外,用卡那霉素每千克体重2万～4万
单位,肌内注射,每日1次,连用2天;或用庆大霉素每千克体
重2 000单位,肌内注射,每日2次,连用2～3天。③硫酸新
霉素25万～30万单位,肌内注射,每日2次,连用2～3天。
④强力水肿灵1～2毫升,肌内注射,每日2次,连用2天。
⑤红霉素30万～60万单位,用10％葡萄糖溶液稀释后,静
脉注射。病初用亚硒酸钠、维生素E及对症治疗也有一定
疗效。

(十一)猪细小病毒病

本病是由猪细小病毒引起的母猪繁殖障碍为特征的传
染病。任何猪只都能感染细小病毒,只有妊娠母猪出现繁
殖障碍,其他猪只感染后均无明显的临床症状。本病的主
要传染源是感染细小病毒的猪。感染细小病毒的公猪在配
种时能将细小病毒传给易感母猪。本病一般呈地方性流行
或散发。

【主要症状】 感染细小病毒的母猪无明显的症状,但带
有细小病毒的母猪在妊娠时把细小病毒通过胎盘传染给小
猪,造成死胎或出生时死亡。出生后感染细小病毒的小猪,一
般都发育正常。

【预防与治疗】 本病目前尚无有效治疗方法,只有给公、
母猪注射细小病毒疫苗才能预防。注射方法:在母猪和公猪
配种前1个月肌内注射细小病毒灭活疫苗,每头注射2毫升,
间隔2周后重复注射1次。

(十二)猪繁殖与呼吸综合征

猪繁殖与呼吸综合征(俗称蓝耳病)是一种急性、高度传染性的病毒性传染病。猪感染后主要表现为流产、产死胎、木乃伊胎儿、产弱仔和呼吸困难,产死胎率可达 20%以上,1 周内的哺乳小猪的死亡率可达 30%以上,严重时断奶前死亡率可高达 50%~100%。

【主要症状】 种母猪主要表现食欲减退或废绝,咳嗽,不同程度的呼吸困难。妊娠母猪后期流产、产死胎、胎儿木乃伊化、产弱小猪等。母猪表现暂时性体温升高 40℃左右。小猪以 1 月龄内最易感染。主要表现体温升高(40℃以上),呼吸困难,有的发生腹泻;有的四肢外展,呈"八"字形呆立;有的小猪表现口鼻发痒和有分泌物;有的小猪可见耳部、体表皮肤发紫。

【预防与治疗】 目前本病还没有特效治疗方法。一般对症治疗可以防止继发感染。①在疫情活动期,严禁到外地购猪。若购猪,要到非疫区、非疫场购买,猪购回后要严格隔离,检疫 2~3 个月,确无本病后方可引进猪场。②加强饲养管理,改善猪舍内的通风和采光,保持干燥,减少猪群密度,创造舒适的生产、生长环境。③不同体重阶段的猪群要采用全进全出的饲养制度,猪群离舍后要对猪舍和用具进行彻底清扫消毒。消毒药可选用 0.3%~0.5%过氧乙酸或 2%火碱溶液等。④加强猪只的营养,增强抵抗力,做好饲料中能量、蛋白质、维生素和矿物质等营养物质的平衡配比,为猪提供全价优质饲料。⑤有条件的猪场可实行小猪早期断奶,减少母猪对小猪的感染。⑥猪场要严格执行兽医防疫规定,猪场发生或疑似本病时应马上上报疫情,以便尽快诊断和扑灭疫病,减少经济损失。⑦发病猪场要进行严格地封锁、隔离,对病猪采取对症治疗,妊娠母猪在分娩前可喂小剂量阿司匹林,每头猪每日 8 克,拌入饲料中饲喂,连喂 1 周。⑧免疫接种的疫苗有弱毒活苗和灭活苗,使用弱毒活苗时要慎重,不要引起排毒感染给尚未接种的猪只。

(十三)断奶猪多系统衰竭综合征

断奶猪多系统衰竭综合征(PMWS),1991 年在加拿大首次发现。最近几年,在我国养猪生产中本病多有报道,给养猪业带来很大的经济损失,已引起广泛地重视。本病的主要特征为断奶猪发生进行性消瘦,皮肤苍白或黄疸,呼吸急促等。本病病毒为圆环病毒 2 型(PCV_2)。

【**主要症状**】 本病多见于 6~16 周龄的小猪,发病率为 2%~20%,死亡率则为 0~100%。病猪主要表现为被毛粗糙,皮肤苍白或黄疸,食欲减退,无精神,衰竭无力,呼吸急促,腹泻和渐进性消瘦,体表淋巴结肿大。本病常和猪繁殖与呼吸综合征、猪伪狂犬病、猪细小病毒病等疫病混合感染。

【**预防与治疗**】 目前本病没有特效治疗方法。使用抗生素有助于控制双重感染。控制本病主要采取的对策是:①要从没有本病的猪场引进猪只,引进后要实行严格隔离制度;②加强饲养,供给猪只全价优质营养的日粮;③加强管理,严格猪舍和用具消毒制度,降低猪只饲养密度,减少猪只的应激反应,注意猪舍的通风、采光和干燥,创造良好舒适的生活环境;④猪的饲养采用全进全出的制度,严禁不同来源、不同日龄的猪只混群或混舍饲养;⑤加强免疫接种,预防并发和继发病感染。

三、常见营养性疾病

(一)小猪铁、铜缺乏症(贫血病)

小猪铁、铜缺乏症是由于小猪体内缺乏铁、铜或含量不足而引起小猪的一种代谢病。小猪生后 7 日龄体内铁元素储存降至最低点,如果不额外地给予补充,就会造成缺铁性贫血。

【主要症状】 本病的特征为:铁缺乏时,小猪贫血,生长迟缓;铜缺乏时,小猪贫血,心肌萎缩,生长发育缓慢。营养缺乏引起的贫血,临床症状不十分明显。小猪一般表现消瘦,衰弱,精神不振,黏膜苍白,被毛粗糙、无光泽,有的可发生下痢。严重者心跳微弱,呼吸加快,气喘,红细胞减少,血红蛋白含量降低。

【预防与治疗】 给小猪补喂铁制剂,其方法和剂量详见第四章"哺乳小猪的护理"有关内容。在母猪的饲料中增加铁、铜等微量元素添加剂,每吨饲料中添加硫酸亚铁和硫酸铜各 100～500 克,一定要研成粉末,均匀地掺入饲料中。在猪的圈舍中,经常放一些晒干的红黏土或深层干燥的泥土,让小猪拱食,增加微量元素的补充。

(二)小猪低血糖病

本病常发生于出生后 1～4 天的小猪,往往造成全窝或部分小猪发生急性死亡。其特征是血糖含量比同龄健康小猪约低 30 倍以上。发生低血糖的原因比较复杂,一般认为主要是由于母猪在妊娠后期饲养不当,母猪缺乳或无乳,造成小猪饥饿而死。

【主要症状】 小猪多在出生后 2～3 天内发病。病猪表现精神不振,四肢软弱无力,约有半数以上的小猪卧地后呈现阵发性神经症状,头部后仰,四肢做游泳状,有时四肢伸直。眼球不能活动,瞳孔散大,但仍有角膜反射。口微张并有少量白沫流出。有的猪四肢绵软可随意摆动,有的四肢伸向四处伏卧在地不能站立。在痉挛性收缩时,体表感觉迟钝,用针刺时,除耳部、蹄部稍有反射外其他部位无痛感。病猪体温常在 37℃ 左右,病状严重时体温可降至 36℃ 左右。小猪一出现症状即停食,对外界事物均无感觉,最后昏迷而死。大部分病猪在 2 小时以内死亡,也有拖到 1 天才死亡的。发病小猪几乎 100% 死亡。1 窝猪里有 1 头发病,其余小猪相继发病,常在半天之内全部死亡。

【预防与治疗】

(1)预防　应加强妊娠母猪后期的饲养管理,保证在妊娠期给胎儿提供足够的营养,在小猪出生后有充足的乳汁供吸吮。这样,一般可避免小猪低血糖病的发生。

(2)治疗　①当发现小猪出现低血糖病时,应尽快给其补糖。用 5% 葡萄糖生理盐水,每头小猪每次注射 10 毫升,每隔 5～6 小时腹腔注射 1 次,连续 2～3 天,效果良好,一般发病的小猪经过上述处理后均可恢复健康。也可口服 20% 葡萄糖液 5～10 毫升,或喂服白糖水。②口服补液盐(氯化钠 3.5 克,碳酸氢钠 2.5 克,氯化钾 1.5 克,葡萄糖 30 克,水 1 000 毫升)。③灌服葡萄糖溶液或红糖水、白糖水。④促肾上腺皮质激素和肾上腺皮质激素类药物,交替使用,可升高血糖。

(三)小猪佝偻病

本病常发生于生长迅速的小猪。主要是钙和磷缺乏引起的,或是缺少日光照射,维生素 D 不足,妨碍了钙和磷的代谢造成的。

【主要症状】 佝偻病初期小猪喜食泥土、污物,生长发育不良,食欲减少,被毛粗糙。关节增大与肿痛,长骨扭转或各种骨骼歪曲,甚至发生骨折。

【预防与治疗】 本病重在预防,多让小猪晒太阳,增加阳光的照射时间,使维生素 D 转化增加,进一步促进钙、磷代谢。在猪的饲料中补加适量的钙和磷,最好补加骨粉(日粮中补加 1%～1.5%)。如果是封闭式猪舍,还应在饲料中补加维生素 D,以保证钙的吸收。

(四)小猪白肌病

本病多发生于 20 日龄到 60 日龄的小猪,成年猪很少见。病因一般认为是饲料中缺硒和维生素 E 引起的。

【主要症状】 发病初期病猪表现精神不振,迅速衰弱,起立困难。严重者四肢麻痹,呼吸不匀,心跳加快,体温无异常变化。病程为 3～8 天。也有的猪不出现任何症状,即迅速死亡。死后剖检,心脏容量增大,心内膜上有淡灰色或淡白色斑点,心肌明显坏死、松软,有时右心室肌肉萎缩,心内外膜上有斑点状出血。

【预防与治疗】 在饲料中添加亚硒酸钠,可预防小猪白肌病的发生,添加的比例为每吨饲料中加 0.1～0.2 克。用 0.1%亚硒酸钠溶液给病猪皮下注射,剂量按每头 2 毫克 1 次注射,病猪可痊愈。

四、其他常见疾病

(一)新生小猪溶血病

本病一般发生在极个别的母猪。其特征是当新生小猪出生后,一吃到母猪的初乳,便引起红细胞溶解,并呈黄疸型贫血,死亡率达100%。这种病是因为母猪产生同种免疫的结果,即在母猪体内输入同种抗原后,母体产生一种特异性抗体,此种抗体经由胎盘或者初乳进入胎儿,与胎儿红细胞内从父系遗传而来的抗原相结合,引起红细胞溶解而发病死亡。

【主要症状】 小猪出生后膘情良好,精神很好,无异常状态,但吸吮母猪初乳后几小时至十几小时即发病。其症状是停止吃奶,精神委靡,畏寒,全身震颤,被毛粗糙逆立,衰弱,后躯摇摆;较明显的症状是呈黄疸型,以眼结膜和齿龈黏膜最明显。严重时即使黑毛色小猪,皮肤亦可见黄染。粪便稀薄,尿呈透明红色或暗红色,体温39℃～40℃。病猪1～2天死亡。

【预防与治疗】 如发现小猪溶血病,应立即停止小猪在原窝哺乳,把小猪转移到由其他公猪交配产仔的哺乳母猪代哺乳,即可避免溶血病。

(1)预防 ①母猪配种前,应了解公猪配种后所生小猪是否有溶血现象,如有则不能用该种公猪配种,可用其他种公猪配种,便能预防本病发生。②如果发现小猪生病后,应立即停喂全窝小猪的母乳,转为其他母猪代为哺乳或改用人工哺乳。如果人工定时挤出母猪乳扔掉,经过3天后的母猪乳可再喂本窝小猪。③如果有 2 头产仔期相近的母猪均很温驯,也可将整窝小猪调换哺乳。

(2)治疗　①本病目前没有有效的治疗方法,多为对症治疗。②发病小猪每头肌内注射维生素 C 和氢化可的松各 2 毫升,每日 1 次,连用 2～3 天,有一定疗效。③对症治疗可用 10%葡萄糖溶液、10%安钠咖、乌洛托品、维生素 K,用以强心,利尿,加速排出血中抗体等。

(二)小猪先天性肌阵挛病

本病也称小猪跳跳病。其特征是散发,发病率和死亡率都比较低。本病一般认为无传染性,小猪出生后即呈现病状,每窝呈现症状的小猪数目也有差异,从一头到数头不等。随日龄的增长,症状渐渐减弱,慢慢消失,恢复正常。其病因还不十分清楚,有人认为是先天性的,也有人认为是缺少某种必需的营养元素造成的。但不管何种看法,药物治疗基本无效。

【主要症状】　小猪出生后,在不定骨骼或肌群中出现明显而有节律地震颤,一般发生在头部和四肢。小猪在站立和行走时,呈不随意的上下跳动姿势,但在卧下时则震颤暂时消失,再起立走动时则症状再度出现。由于小猪不随意的跳跃加剧,前进困难,对吃奶造成一定困难,常因叼不住乳头,吃不到乳汁而饿死。

【预防与治疗】　本病一般不用药物治疗。当小猪出现症状后应加强护理,让其吃到乳汁,防止小猪发生饥饿。如果护理得当,可不治自愈。

五、小猪疾病的预防

(一)预防措施

1. 自繁自养 猪的一些传染病(如猪瘟、小猪副伤寒等)往往是因购猪把病原体带到猪场而传染给原有的猪,引起发病和流行。自繁自养就是在同一个猪场饲养母猪,母猪所产的小猪用于肥育,不从场外购买小猪,可避免传染病的发生。

2. 严格检疫 从市场或别的猪场(特别是有疫情的地方)购进小猪作为种用或肥育时,首先应了解有无传染病发生,所购进的小猪是否进行了主要传染病(如猪瘟等)的免疫接种,如果未免疫,应按规定给其注射主要传染病的疫(菌)苗。另外,凡从场外购入的小猪,不能立即与原有的猪只并群饲养,一定要隔离饲养观察 20～30 天,待确认无传染病时,才能合群饲养。

3. 预防消毒 消毒是消灭外界环境中的病原体,切断传染途径的有效措施。预防消毒要根据疫病发生情况,确定消毒次数。疫病发生严重的地区,可采取不定期消毒的办法;疫病发生不严重的地区,可采用春、秋两季定期消毒的办法。在规模化、集约化猪场,一般采取猪群全进全出后的消毒办法,即在母猪进产房前,要把母猪产房进行彻底消毒;在小猪从产房转移到保育舍前,把保育舍彻底消毒,待小猪转入肥育舍后,把保育舍再进行 1 次消毒。猪舍的消毒可先将地面、墙壁、栏栅等的粪便、污物清扫和冲洗干净后,用消毒液或其他方法进行消毒。常用消毒药品的配制及使用方法见表 6-1。

表 6-1　常用消毒药的配制及使用方法

药　　　名	性状及规格	浓度及配制方法	用途及用法	注意事项
氢氧化钠（苛性钠、烧碱、火碱）	呈白色的干块状或片状	1%～3%溶液（用沸水冲泡消毒效果好）	对病毒、细菌污染的畜舍、场地、车辆、用具、排泄物等进行喷洒或喷雾消毒	2%以上浓度溶液对机体组织有较强的腐蚀性，喷洒时不要接触皮肤，特别要保护好眼睛，消毒4～6小时后，再用清水冲洗
草木灰	新鲜干燥的呈灰黑色、灰白色	30%热溶液（干灰3份加水10份煮沸后过滤，用60℃～70℃热溶液）	用于被病毒污染的畜舍、场地、车辆、用具、排泄物消毒，可喷洒或涂刷	草木灰应保持干燥，现配现用。杂木灰比秸秆灰效果好，但对一些病菌的芽孢消毒无效
生石灰	白色、干燥，块状	10%～20%乳剂（生石灰1份加水1份制成熟石灰，再加水9份即成10%乳剂）　石灰粉（临用时取生石灰5千克加水2.5～3升，使其化解成粉状）	涂刷墙壁、用具，泼洒地面等，多用于细菌类消毒　用于猪场的入口处和粪池、污水的消毒	生石灰应干燥、新鲜，现配现用，放置过久失去消毒作用，要经常更换

药　名	性状及规格	浓度及配制方法	用途及用法	注意事项
漂白粉	粉剂,含有效氯不低于 25%	5%～20%混悬液(取漂白粉 50～200克,加少量水搅成糊状,再加水至 1 000毫升)	喷洒,对细菌、病毒污染的猪舍、场地、车辆、用具等有消毒作用。20%混悬液可用于芽孢消毒(应消毒 5 次,每次间隔 1 小时)	现用现配,不能用于有色纺织品和金属用具的消毒
来苏儿(煤酚皂溶液)	煤酚的肥皂溶液,含煤酚 50%	市售 5%溶液	喷洒,用于非芽孢污染的猪舍、场地及物品等	对炭疽和结核菌无效
煤焦油皂溶液(臭药水、克辽林)	乳状液,含苯酚 9%～11%	3%～5%溶液	喷洒,消毒非芽孢污染的猪舍、地面及物品等	热溶液消毒效果较好,对炭疽菌无效
过氧乙酸	市售浓度为 17%～18%	0.2%～0.5%溶液	喷洒或熏蒸,用于猪舍、墙壁、地面、用具、食槽等物体消毒	有一定的腐蚀性,挥发性强

4. 预防注射　又叫打预防针。就是用某种传染病的疫(菌)苗,按规定注射到猪体内,使猪只在一定时期内产生抗体,不再感染这种传染病。如果防疫注射工作做得好,一般可避免传染病的发生。

(1)常用疫(菌)苗的使用和保存方法　见表6-2。

表6-2　小猪常用疫(菌)苗的使用和保存方法

名　称	用途与用量	免疫期	保存期	备　注
猪瘟兔化弱毒冻干疫苗	预防猪瘟或作紧急预防,按瓶签注明的头份加生理盐水稀释,大小猪一律肌内或皮下注射1毫升	注射后4天产生免疫力,免疫期1年以上,哺乳小猪在哺乳期和断奶后各注射1次	在−15℃时可保存1年以上,6℃～8℃时可保存6个月左右	各生物药品制品厂均可购到
猪瘟、猪丹毒、猪肺疫弱毒三联苗	预防猪瘟、猪丹毒、猪肺疫,按瓶签规定头份,用20%铝胶生理盐水稀释,大小猪一律肌内注射1毫升	注射后4天产生免疫力,免疫期猪瘟为1年,猪丹毒和猪肺疫都是6个月	在−15℃时可保存1年以上,6℃～8℃时可保存6个月	四川成都沙河堡街36号,农业部成都药械厂;或各生物药品制品厂均可购到
猪副伤寒弱毒冻干菌苗	预防小猪副伤寒,按菌苗瓶签上标明的头份,用20%氢氧化铝稀释,每头于耳后浅层肌内注射1毫升。口服按瓶签标明的头份数,用冷开水稀释成每头份5～10毫升,掺入料中饲喂	注射后7～10天即可产生免疫力,免疫期6～9个月,在本病常发场应进行2次免疫	按瓶签说明保存	生产地址同"猪瘟、猪丹毒、猪肺疫弱毒三联苗"

名　称	用途与用量	免疫期	保存期	备　注
小猪红痢氢氧化铝菌苗	预防小猪红痢,母猪分娩前 1 个月左右和分娩前半个月左右各肌内注射 1 次,每次 5～10 毫升;3 胎以上的母猪,在分娩前半月注射 1 次就可以了,剂量为 3～5 毫升	注射时间不能少于分娩前 14 天,产前几天内注射小猪得不到免疫	贮存于 2℃～15℃冷暗处,避免光照,避免冻结,保存期 1 年半	生产地址同"猪瘟、猪丹毒、猪肺疫弱毒三联苗"
小猪黄痢菌苗	预防小猪黄痢,母猪分娩前 40 天、15 天各肌内注射 2 毫升	临产期不足 20 天的妊娠母猪免疫效果不佳	贮存要求按瓶签说明,切忌冷冻	生产地址同"猪瘟、猪丹毒、猪肺疫弱毒三联苗"
猪细小病毒灭活疫苗	预防初产母猪流产、死胎、木乃伊。后备公、母猪 4～6 月龄或配种前 1 个月肌内注射 2～5 毫升,2 周后进行第二次同剂量注射	注射后 14 天即产生坚强的免疫力,免疫期为半年	贮存要求按瓶签说明	生产地址同"猪瘟、猪丹毒、猪肺疫弱毒三联苗"

(2)预防注射应严格遵守操作规程　①注射器、针头必须煮沸消毒 10 分钟后使用;②注射人员在操作前应对自己的手进行消毒,并注意注射器具和疫(菌)苗的保管,以免被病菌污染;③被注射的部位应用酒精和碘酊消毒;④疫(菌)苗在

使用前应检查其有效日期,凡过期、变质、有破损和被污染的都不能使用,也应检查稀释液是否符合要求;⑤在每注射1头猪后,应更换消过毒的针头或将针头用酒精消毒1次再用;⑥疫(菌)苗应注意保存,不要放在阳光下暴晒,启用后要当日用完,隔日不能再用;⑦对注射的疫(菌)苗种类、批号、注射量、注射日期进行登记,以便将来按期补打,防止遗漏;⑧防疫注射后应对小猪进行观察,并加强饲养管理,如有体温升高等症状,要及时报告有关人员检查处理。

(二)疫病处理

第一,猪场发生传染病或可疑传染病时,应首先将猪发病时间、发病头数、主要症状及死亡情况向有关部门报告,并请兽医尽快确诊是何种疾病,以便采取有效措施,及时处置,防止或减少传播蔓延,尽量减少损失。

第二,当发生疫病后,将病猪和可疑猪迅速隔离,是控制和消灭传染源的重要措施。隔离就是将有病的猪放到距健康猪远一些的隔离猪圈(舍)中,并设专人饲养,把用具严格分开。在隔离圈(舍)的门口设置消毒池,人员、车辆等进出时必须经过消毒。

第三,病猪经隔离后,有治愈希望和有治疗价值的可进行治疗,以减少损失。对于不能治疗的猪只应尽快宰杀,或挖2米左右深坑埋掉,并在猪尸体上撒生石灰粉等消毒药。绝对不能把死猪乱丢或吃掉,以免造成更多的传染。

第四,对病猪舍的地面土壤、粪便及污物,使用过的工具等要严格冲洗消毒;同时应对隔离圈(舍)进行更彻底的消毒,力求完全消灭传染病的病原体。

附　　录

附录一　小猪的饲养标准

附表 1　小猪每头每日养分需要量

体重阶段（千克）	3～8	8～20	20～35
消化能（兆焦/天）	4.21	10.06	19.15
粗蛋白质（克/天）	63	141	255
赖氨酸（克/天）	4.3	8.6	12.9
蛋氨酸（克/天）	1.2	2.2	3.4
蛋氨酸＋胱氨酸（克/天）	2.4	4.9	7.3
苏氨酸（克/天）	2.8	5.6	8.3
色氨酸（克/天）	0.8	1.6	2.3
异亮氨酸（克/天）	2.4	4.7	6.7
钙（克/天）	2.64	5.48	8.87
非植酸磷（克/天）	1.62	2.66	3.58
钠（克/天）	0.75	1.11	1.72
氯（克/天）	0.75	1.11	1.43

体重阶段（千克）	3～8	8～20	20～35
铜（毫克/天）	1.80	4.44	6.44
碘（毫克/天）	0.04	0.10	0.20
铁（毫克/天）	31.50	77.70	100.10
锰（毫克/天）	1.20	2.96	4.29
硒（毫克/天）	0.09	0.22	0.43
锌（毫克/天）	33.00	81.40	100.10
维生素 A（单位）	660	1330	2145
维生素 D_3（单位）	66	148	243
维生素 E（单位）	5	8.5	16
维生素 K（毫克/天）	0.15	0.37	0.72
维生素 B_1（硫胺素）（毫克/天）	0.45	0.74	1.43
维生素 B_2（核黄素）（毫克/天）	1.20	2.59	3.58
泛酸（毫克/天）	3.60	7.40	11.44
烟酸（毫克/天）	6.00	11.10	14.30
维生素 B_{12}（微克/天）	6.00	12.95	15.73

附表 2 瘦肉型小猪每千克饲料养分含量

体重阶段（千克）	3～8	8～20	20～35
日增重（千克）	0.24	0.44	0.61
日采食量（千克）	0.30	0.74	1.43
消化能（兆焦/千克）	14.02	13.60	13.39
粗蛋白质（%）	21.0	19.0	17.8
赖氨酸（%）	1.42	1.16	0.90
蛋氨酸＋胱氨酸（%）	0.81	0.66	0.51
苏氨酸（%）	0.94	0.75	0.58
色氨酸（%）	0.27	0.21	0.16
异亮氨酸（%）	0.79	0.64	0.48
钙（%）	0.88	0.74	0.62
磷（非植酸）（%）	0.54	0.36	0.25
钠（%）	0.25	0.15	0.12
氯（%）	0.25	0.15	0.10
铁（毫克）	105	105	70
锌（毫克）	110	110	70
铜（毫克）	6.00	6.00	4.50
碘（毫克）	0.14	0.14	0.14
锰（毫克）	4.00	4.00	3.00
硒（毫克）	0.30	0.30	0.30

体重阶段（千克）	3～8	8～20	20～35
维生素 A（单位）	2200	1800	1500
维生素 D_3（单位）	220	200	170
维生素 E（单位）	16	11	11
维生素 K（毫克）	0.50	0.50	0.50
维生素 B_1（毫克）	1.50	1.00	1.00
维生素 B_2（毫克）	4.00	3.50	2.50
烟酸（毫克）	20.00	15.00	10.00
泛酸（毫克）	12.00	10.00	8.00
维生素 B_{12}（微克）	20.00	17.50	11.00

附录二 猪常用饲料成分及营养价值(参考值)

猪常用饲料成分及营养价值(参考值)见附表3。

附表3 猪常用饲料成分及营养价值 (之一)

饲料名称	干物质 (%)	消化能 (兆焦)	粗蛋白质 (%)	粗纤维 (%)	钙 (%)	磷 (%)	植酸磷 (%)
玉 米	86.0	14.39	8.9	1.9	0.02	0.27	0.15
高 粱	86.0	13.18	9.0	1.4	0.13	0.36	0.19
小 麦	87.0	14.18	13.9	1.9	0.17	0.41	0.19
大麦(裸)	87.0	13.56	13.0	2.0	0.04	0.39	0.18
大麦(皮)	87.0	12.64	11.0	4.8	0.09	0.33	0.16
稻 谷	86.0	12.09	7.8	8.2	0.03	0.36	0.16
糙 米	87.0	14.39	8.8	0.7	0.03	0.35	0.20
碎 米	88.0	15.06	10.4	1.1	0.06	0.35	0.20
粟(谷子)	86.5	12.93	9.7	6.8	0.12	0.30	0.19
大 豆	87.0	16.95	35.1	4.4	0.27	0.48	0.18
木薯干	87.0	13.10	2.5	2.5	0.27	0.09	—
甘薯干	87.0	11.80	4.0	2.8	0.19	0.02	—
次 粉	88.0	14.77	14.2	3.5	0.05	0.32	—
小麦麸	87.0	9.37	15.7	8.9	0.11	0.92	0.68
米 糠	87.0	12.64	12.8	5.7	0.07	1.43	1.33
米糠饼	88.0	12.51	14.7	7.4	0.14	1.69	1.47
米糠粕	87.0	11.55	15.1	7.5	0.15	1.82	1.58
大豆饼	87.0	13.51	40.9	4.7	0.30	0.49	0.25

饲料名称	干物质（%）	消化能（兆焦）	粗蛋白质（%）	粗纤维（%）	钙（%）	磷（%）	植酸磷（%）
大豆粕	87.0	13.18	43.0	5.1	0.32	0.61	0.30
棉籽饼	88.0	9.92	40.5	9.7	0.21	0.83	0.55
棉籽粕	88.0	9.46	42.5	10.1	0.24	0.97	0.64
菜籽饼	88.0	12.05	34.3	11.6	0.62	0.96	0.63
菜籽粕	88.0	10.59	38.6	11.8	0.65	1.07	0.65
花生仁饼	88.0	12.89	44.7	5.9	0.25	0.53	0.22
花生仁粕	88.0	12.43	47.8	6.2	0.27	0.56	0.23
向日葵仁饼	88.0	7.91	29.0	20.4	0.24	0.87	0.74
向日葵仁粕	88.0	10.42	33.6	14.8	0.26	1.03	0.87
亚麻仁饼	88.0	12.13	32.2	7.8	0.39	0.88	0.50
亚麻仁粕	88.0	9.92	34.8	8.2	0.42	0.95	0.53
麦芽根	89.7	9.67	28.3	12.5	0.22	0.73	—
鱼　粉	88.0	13.05	52.5	0.4	5.74	3.12	—
鱼　粉	88.0	12.47	62.8	1.0	3.87	2.76	—
血　粉	88.0	11.42	83.3	—	0.29	0.31	—
羽毛粉	88.0	11.59	77.9	0.7	0.20	0.68	—
皮革粉	88.0	11.51	77.6	1.7	4.40	0.15	—
甘薯叶粉	87.0	4.98	16.7	12.6	1.41	0.28	—
苜蓿草粉	87.0	6.11	17.2	25.6	1.52	0.22	—
槐叶粉	89.1	10.00	17.8	11.1	1.91	0.17	—
骨　粉	—	—	—	—	30.12	13.46	—
石　粉	—	—	—	—	35.00	—	—

附表 3　猪常用饲料成分及营养价值　（之二）

饲料名称	胱氨酸	蛋氨酸	赖氨酸	铁	铜	锰	锌	硒
玉　米	0.14	0.15	0.24	51	1.8	6.5	19.1	0.03
高　粱	0.12	0.17	0.18	87	7.6	17.1	20.1	<0.05
小　麦	0.24	0.25	0.30	88	7.9	45.9	29.7	0.05
大麦(裸)	0.25	0.14	0.44	100	7.0	18.0	30.0	0.16
大麦(皮)	0.18	0.18	0.42	87	5.6	17.5	23.6	0.06
稻　谷	0.16	0.19	0.29	40	3.5	20.0	8.0	0.04
糙　米	0.14	0.20	0.32	78	3.3	21.0	10.0	0.07
碎　米	0.17	0.22	0.42	62	8.8	47.5	36.4	0.06
粟(谷子)	0.20	0.25	0.15	270	24.5	22.5	15.9	0.08
大　豆	0.55	0.49	2.47	111	18.1	21.5	40.7	0.06
木薯干	0.04	0.05	0.13	150	4.2	6.0	14.0	0.04
甘薯干	0.08	0.06	0.16	107	6.1	10.0	9.0	0.07
次　粉	0.30	0.15	0.42	140	11.6	94.2	73.0	0.07
小麦麸	0.26	0.13	0.58	170	13.8	104.3	96.5	0.07
米　糠	0.19	0.25	0.74	304	7.1	175.9	50.3	0.09
米糠饼	0.30	0.26	0.66	400	8.7	211.6	56.4	0.09
米糠粕	0.32	0.28	0.72	432	9.4	228.4	60.9	0.10
大豆饼	0.61	0.59	2.38	187	19.8	32.0	43.4	0.04
大豆粕	0.66	0.64	2.45	181	23.5	27.4	45.4	0.06
棉籽饼	0.78	0.46	1.56	266	11.6	17.8	44.9	0.11
棉籽粕	0.82	0.45	1.59	263	14.0	18.7	55.5	0.15
菜籽饼	0.79	0.58	1.28	687	7.2	78.1	59.2	0.29

饲料名称	胱氨酸	蛋氨酸	赖氨酸	铁	铜	锰	锌	硒
菜籽粕	0.87	0.63	1.30	653	7.1	82.2	67.5	0.16
花生仁饼	0.38	0.39	1.32	347	23.7	36.7	52.5	0.06
花生仁粕	0.40	0.41	1.40	368	25.1	38.9	55.7	0.06
向日葵仁饼	0.43	0.59	0.96	614	45.6	41.5	62.1	0.09
向日葵仁粕	0.50	0.69	1.13	310	35.0	35.0	80.0	0.08
亚麻仁饼	0.48	0.46	0.73	204	27.0	40.3	36.0	0.18
亚麻仁粕	0.55	0.55	1.16	219	25.5	43.3	38.7	0.18
玉米蛋白粉	0.73	1.30	1.54	434	10.0	78.0	49.0	—
麦芽根	0.26	0.37	1.30	198	5.3	67.8	42.4	—
鱼粉	0.38	0.62	3.41	670	17.9	27.0	123.0	1.77
鱼 粉	0.58	1.84	4.90	219	8.9	9.0	96.7	1.93
血 粉	0.98	0.77	6.37	2800	8.0	2.3	14.0	0.70
羽毛粉	2.93	0.59	0.89	1230	6.8	8.8	53.8	0.80
皮革粉	0.16	0.80	2.27	131	11.1	25.2	89.8	—
甘薯叶粉	0.29	0.17	0.61	35	9.8	89.6	26.8	0.20
苜蓿草粉	0.16	0.20	0.81	361	9.7	30.7	21.0	0.46
槐叶粉	—	—	0.78	—	—	—	—	—

注：氨基酸单位为％；微量元素单位为毫克/千克。

金盾版图书,科学实用,
通俗易懂,物美价廉,欢迎选购

畜禽营养与饲料	19.00	品贸易	6.50
实用家兔养殖技术	17.00	城郊农村如何办好集体	
家畜普通病防治	19.00	企业和民营企业	8.50
实用毛皮动物养殖技术		城郊农村如何搞好小城	
	15.00	镇建设	10.00
城郊村干部如何当好新		农村规划员培训教材	8.00
农村建设带头人	8.00	农资农家店营销员培训	
城郊农村如何维护农民		教材	8.00
经济权益	9.00	新农村经纪人培训教材	8.00
城郊农村如何办好农民		农村经济核算员培训教	
专业合作经济组织	8.50	材	9.00
城郊农村如何搞好人民		农村气象信息员培训教	
调解	9.00	材	8.00
城郊农村如何发展蔬菜		农村电脑操作员培训教	
业	6.50	材	8.00
城郊农村如何发展果业	7.50	农村沼气工培训教材	10.00
城郊农村如何发展食用		耕地机械作业手培训教材	10.00
菌业	9.00	玉米农艺工培训教材	10.00
城郊农村如何发展畜禽		小麦植保员培训教材	9.00
养殖业	14.00	小麦农艺工培训教材	8.00
城郊农村如何发展花卉		水稻植保员培训教材	10.00
业	7.00	水稻农艺工培训教材(北	
城郊农村如何发展苗圃		方本)	12.00
业	9.00	绿叶菜类蔬菜园艺工培	
城郊农村如何发展观光		训教材(北方本)	9.00
农业	8.50	绿叶菜类蔬菜园艺工培	
城郊农村如何搞好农产		训教材(南方本)	8.00

豆类蔬菜园艺工培训教材（北方本）	10.00	蛋鸡饲养员培训教材	7.00
		肉鸡饲养员培训教材	8.00
蔬菜植保员培训教材（北方本）	10.00	蛋鸭饲养员培训教材	7.00
		肉鸭饲养员培训教材	8.00
蔬菜贮运工培训教材	10.00	养蜂工培训教材	9.00
果品贮运工培训教材	8.00	小麦标准化生产技术	10.00
果树植保员培训教材（北方本）	9.00	玉米标准化生产技术	10.00
		大豆标准化生产技术	6.00
果树育苗工培训教材	10.00	花生标准化生产技术	10.00
西瓜园艺工培训教材	9.00	花椰菜标准化生产技术	8.00
茶厂制茶工培训教材	10.00	萝卜标准化生产技术	7.00
园林绿化工培训教材	10.00	黄瓜标准化生产技术	10.00
园林育苗工培训教材	9.00	茄子标准化生产技术	9.50
园林养护工培训教材	10.00	番茄标准化生产技术	12.00
猪饲养员培训教材	9.00	辣椒标准化生产技术	12.00
奶牛饲养员培训教材	8.00	韭菜标准化生产技术	9.00
肉羊饲养员培训教材	9.00	大蒜标准化生产技术	14.00
羊防疫员培训教材	9.00	猕猴桃标准化生产技术	12.00
家兔饲养员培训教材	9.00	核桃标准化生产技术	12.00
家兔防疫员培训教材	9.00	香蕉标准化生产技术	9.00
淡水鱼苗种培育工培训教材	9.00	甜瓜标准化生产技术	10.00
		香菇标准化生产技术	10.00
池塘成鱼养殖工培训教材	9.00	金针菇标准化生产技术	7.00
		滑菇标准化生产技术	6.00
家禽防疫员培训教材	7.00	平菇标准化生产技术	7.00
家禽孵化工培训教材	8.00	黑木耳标准化生产技术	9.00

以上图书由全国各地新华书店经销。凡向本社邮购图书或音像制品，可通过邮局汇款，在汇单"附言"栏填写所购书目，邮购图书均可享受9折优惠。购书30元(按打折后实款计算)以上的免收邮挂费，购书不足30元的按邮局资费标准收取3元挂号费，邮寄费由我社承担。邮购地址：北京市丰台区晓月中路29号，邮政编码：100072，联系人：金友，电话：(010)83210681、83210682、83219215、83219217(传真)。